ENQUÊTE

... PROJET D'AMÉLIORATION
DE LA CAMARGUE

PRÉSENTÉ

... SOCIÉTÉ LYONNAISE D'ÉTUDES

MÉMOIRE

... LES INTÉRÊTS DES PROPRIÉTAIRES
... DANS LE PÉRIMÈTRE

... EN SYNDICAT AGRICOLE

MARSEILLE
IMPRIMERIE MARSEILLAISE
Rue Sainte, 35

1906

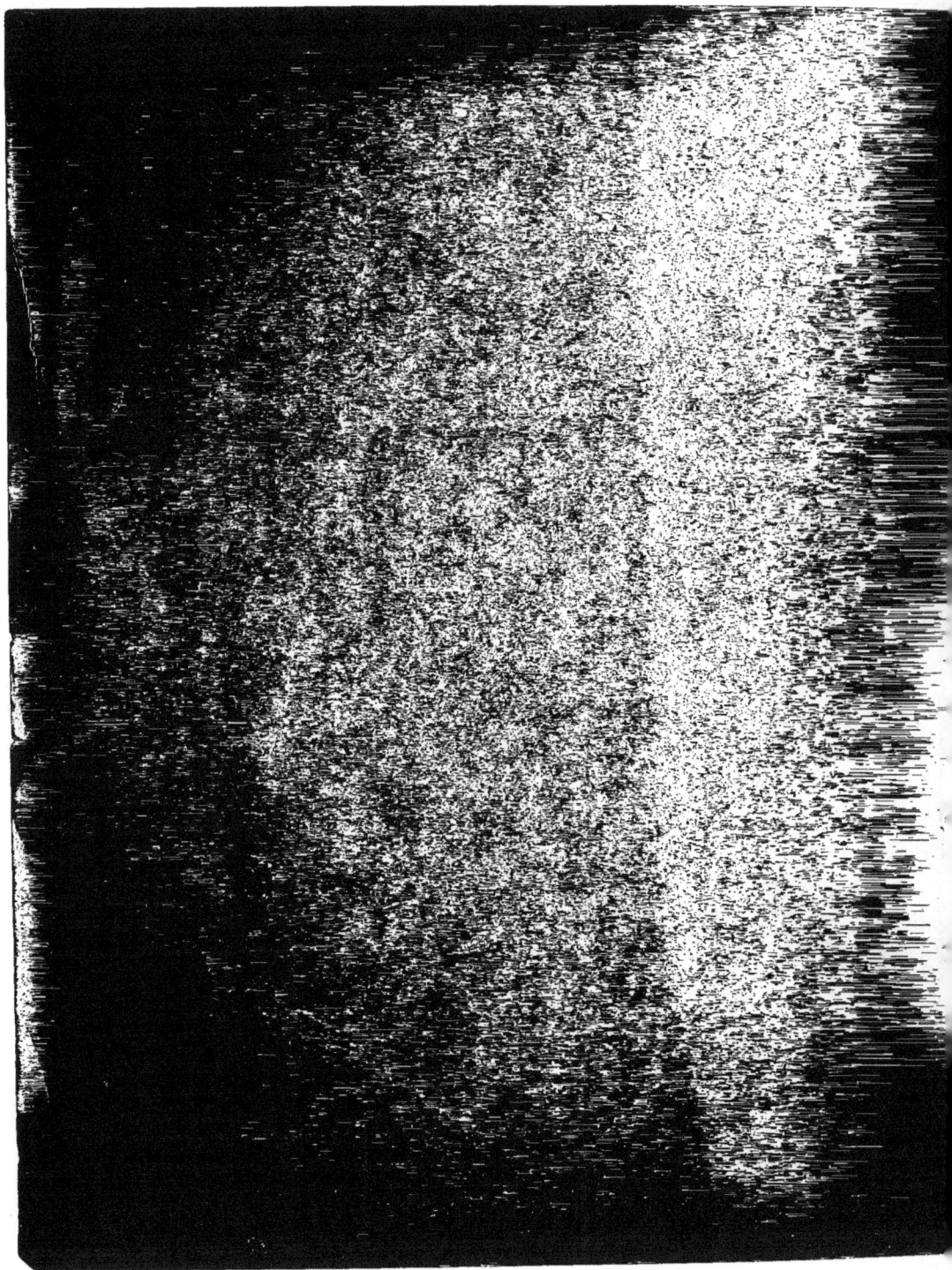

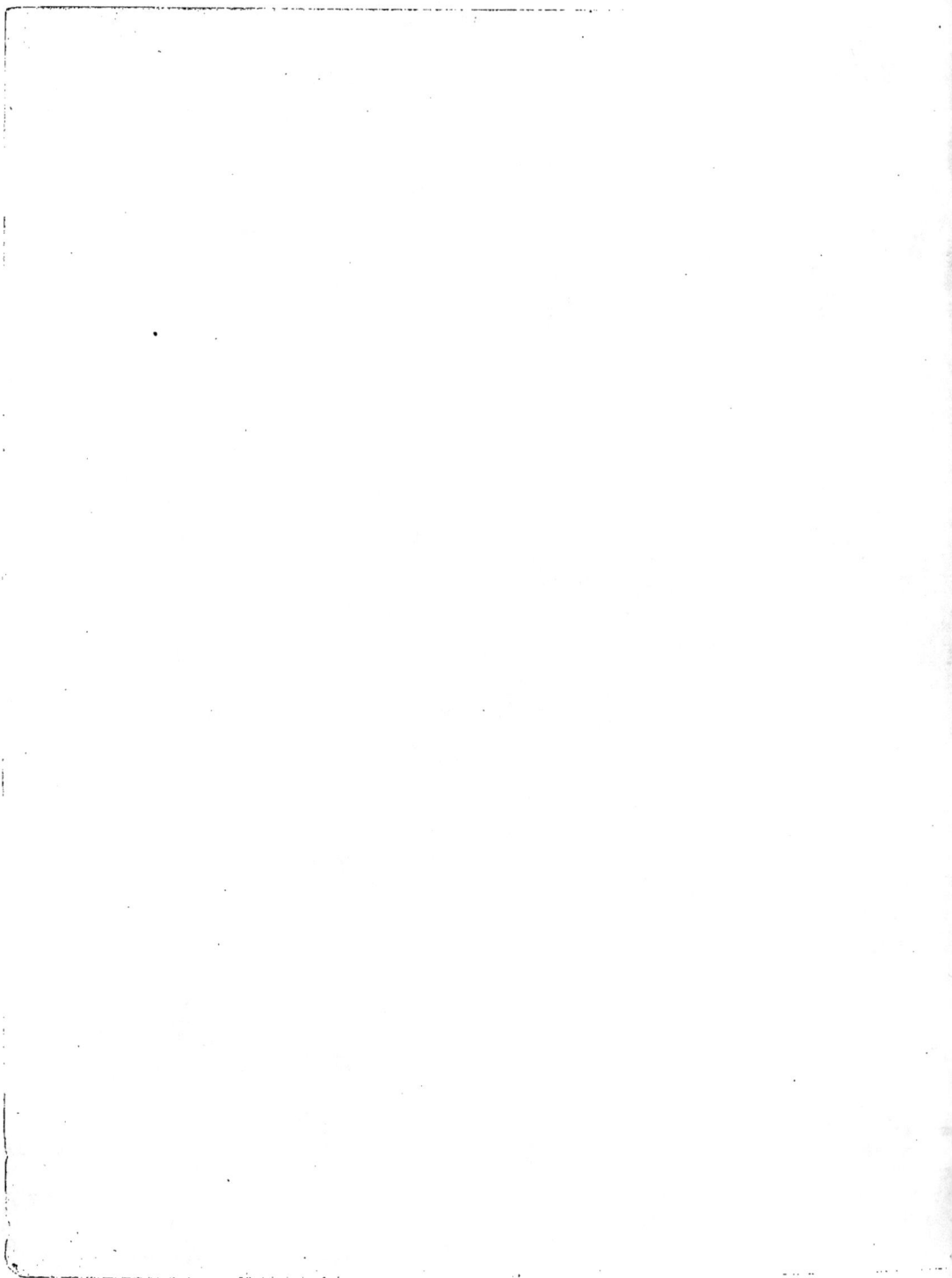

ENQUÊTE

SUR LE PROJET D'AMÉLIORATION

DE LA CAMARGUE

PRÉSENTÉ

PAR LA SOCIÉTÉ LYONNAISE D'ÉTUDES

———

MÉMOIRE

EN DÉFENSE DES INTÉRÊTS DES PROPRIÉTAIRES

COMPRIS DANS LE PÉRIMÈTRE

ET RÉUNIS EN SYNDICAT AGRICOLE

MARSEILLE
IMPRIMERIE MARSEILLAISE
Rue Sainte, 39

1898

INDEX

ENQUÊTE

SUR LE PROJET D'AMÉLIORATION DE LA CAMARGUE

PRÉSENTÉ

PAR LA SOCIÉTÉ LYONNAISE D'ÉTUDES

Motifs de l'Enquête

Un projet de transformation agricole de l'île de Camargue, élaboré par la Société Lyonnaise d'études, vient d'être mis à l'enquête.

Avant d'entrer dans l'examen du projet lui-même, il est indispensable de savoir par suite de quelles dispositions légales ce projet peut être soumis ainsi à l'appréciation des intéressés.

La plupart de nos compatriotes ont suffisamment entendu parler des nombreux projets d'amélioration de la Camargue, pour que nous n'ayons aucune prétention de leur apprendre en pareille matière rien de nouveau ; ils nous sauront très probablement gré cependant de leur rappeler les mesures dont ils sont l'objet en ce moment.

L'utilité du desséchement des *marais proprement dits* n'a jamais été contestée ; car ils sont, d'une manière générale, une non-valeur au point de vue de la production agricole (1) et peuvent être un fléau pour la salubrité

---

(1) Nous disons : « d'une manière *générale* », qui n'est point celle de notre territoire. Les marais, nous le dirons, sont une partie de notre exploitation ; un marais de 155 h., affermé d'abord 4 200 fr., s'est vendu aux enchères 100.000 fr., il y a peu de jours, et l'acquéreur a fait cette opération à titre de placement. Il a réalisé par bail authentique un fermage de 6.000 fr.

publique ; on comprend dès lors comment cette nature de propriété a pu dès longtemps être soumise à des règles particulières et exceptionnelles. Ces règles, que prévoient les articles 649 et 650 du Code civil, ont été établies par la loi du 16 septembre 1807 qui a posé, dans les titres I à IV inclusivement, X et XII, les principes d'après lesquels s'opère le dessèchement des marais.

L'article 1er de cette loi porte : « La propriété des marais est soumise « à des règles particulières. Le gouvernement ordonne les dessèchements « qu'il croit utiles ou nécessaires. »

Aux termes des articles 2 et 3, les dessèchements sont exécutés, soit par l'Etat, soit par des concessionnaires, soit enfin par les propriétaires mêmes des marais. Dans tous les cas, il doit être statué par un décret rendu en Conseil d'Etat (art. 5). La loi réserve cependant un droit absolu de préférence aux propriétaires (art. 5) ; mais les travaux ne peuvent en pareil cas être entrepris que par le consentement unanime des intéressés.

A cette unanimité qu'exigeait l'art. 4 de la loi de 1807, la loi du 21 juin 1865, qui a organisé les associations syndicales en prévoyant (paragraphe 6) le dessèchement des marais, a substitué la majorité prévue par son article 12 (modifié par l'article 5 de la loi du 22 décembre 1888), soit la majorité des intéressés représentant au moins les deux tiers de la superficie des terrains ou les deux tiers des intéressés, représentant plus de la moitié de la superficie (1).

Or, le paragraphe premier de l'article 26 de la loi du 21 juin 1865 porte qu'à défaut de la formation d'associations syndicales libres ou autorisées, la loi du 16 septembre 1807 continuera à recevoir son exécution.

Le gouvernement ne peut donc prononcer la concession de dessèchement qui lui est demandée conformément à la loi de 1807, que si la majorité des intéressés (telle qu'elle est déterminée par les textes que nous venons de rappeler) refuse d'exécuter elle-même les travaux et d'en supporter les dépenses.

(1) Il y a en Camargue 72.000 hectares et 1.314 propriétaires. Cette majorité devrait être : ou bien 658 propriétaires avec 48.000 hectares, ou bien 876 propriétaires avec 36.000 hectares. — Pour le cas actuel, à raison de 153 propriétaires et d'un périmètre de 37.625 hectares, la majorité serait de 102 propriétaires et 18.812 hectares, ou de 77 propriétaires et 25.082 hectares.

C'est dans le but de connaître le sentiment des propriétaires de Camargue que nous sommes conviés à l'enquête.

La question posée est la suivante :

« Etant donné le projet dont les pièces sont soumises à l'enquête, les
« propriétaires consentiront-ils à l'exécuter eux-mêmes, soit par la consti-
« tution d'une association syndicale autorisée constituée en vertu des lois
« de 1865 et de 1888 et du décret du 9 mars 1894, soit même par une mino-
« rité d'entre eux groupés en syndicat pour l'obtention d'une concession
« et la poursuite de cette concession ? »

La réponse à cette question implique l'examen du projet en lui-même. Comme ce n'est pas la première fois que des essais sont tentés pour l'amélioration de la Camargue, cette étude ne peut que gagner à l'examen rapide, mais suffisant, de ce qui avait été proposé antérieurement à cette date. Enfin, cette étude même doit être complétée par l'examen de ce qui a été réalisé depuis quelques années par les propriétaires eux-mêmes.

L'enquête à laquelle nous assistons ne peut que reproduire les sentiments de résistance bien naturels aux propriétaires, en présence surtout de l'application de lois rigoureuses en vue d'améliorations problématiques et incertaines. Cette étude aura peut-être aussi l'avantage de mieux faire connaître la situation et de rendre juridique et raisonnable l'opposition qui se produit.

Coup d'œil sur les Projets antérieurs d'amélioration de la Camargue

I

Projet de M. Poulle

Nous ne dirons rien des projets de M. Grogniard en 1804, de M. Gorsse en 1813, d'un premier travail de M. Poulle en 1827 ; simples ébauches, ils étaient d'autant moins pratiques, que jusqu'alors aucun nivellement général de la Camargue n'avait été exécuté.

M. Poulle mena à bien cette opération, et, dès 1837, put produire un avant-projet que l'on peut analyser de la manière suivante :

1° Convertir le Valcarès en récipient général de l'île, à l'aide d'une digue à la mer et d'une digue de ceinture ;

2° Arroser les terres hautes par un canal dont la prise était à Comps, qui traversait le petit Rhône en syphon, et dont les eaux arrivaient en tête de la Camargue à la cote de 4 m. 38 au-dessus du niveau de la mer ;

3° Arroser les terres basses par un canal dont la prise était à la Cape.

4° Ecouler les terrains au moyen de trois canaux débouchant, l'un à l'embouchure du petit Rhône, l'autre dans le lit du vieux Rhône, le troisième dans la mer.

Le projet comprenait l'établissement de la digue à la mer.

La dépense était évaluée à 10.050.000 francs. L'Etat ne devait accorder aucune subvention et, pour encourager les particuliers ou une Compagnie à s'engager dans de pareilles dépenses, M. Poulle faisait concevoir l'espérance de plus-values comme les suivantes : 7.000 hectares à 1.000 francs acquerraient une valeur de 2.000 francs, 4.000 hectares de terres marécageuses passeraient de 250 francs à 1.800 francs, 30.000 hectares de terres vagues de 400 francs à 1.600 francs.

Les travaux devaient durer trois ans, et on estimait que la perte de temps prendrait trois autres années.

Ce projet général s'appliquait à 45.000 hectares environ.

Comme inconvénients, il présentait un système d'écoulage bien moins étudié que celui de l'arrosage ; le Valcarès était maintenu à un niveau qui pouvait paraître trop élevé eu égard au développement de la faculté d'irriguer, le dessalement n'était point touché, l'estimation des plus-values exagérée ; — il ne détermina aucune tentative.

II

Barrage sur le petit Rhône

La question de l'amélioration de la Camargue fut du reste, à cette époque, primée par les soucis que causèrent à l'Administration les inondations de 1840 et celles qui les suivirent de près.

Vers la fin de 1847, M. Surrell, ingénieur ordinaire des Ponts et Chaussées, présenta un projet dans lequel l'irrigation était procurée à la Camargue par un barrage sur le petit Rhône.

L'enquête ouverte sur ce projet, au double point de vue du régime des eaux et de l'utilité publique, fut interrompue par les événements de 1848.

III

Projet de 1850

A la date du 30 mai 1850, MM. Surrel et de Montricher présentèrent une nouvelle étude.

Ils proposaient comme ouvrage capital et préliminaire la construction d'une digue à la mer ; le Valcarès ainsi isolé de la mer devait se maintenir, l'été, à 0.50 au-dessous du zéro de la mer, tant que la masse des arrosages ne dépasserait pas $8^{me}20$; pendant l'hiver, il pourrait s'élever à zéro, sans jamais dépasser la cote + 0.20.

Les canaux d'écoulement déjà faits étaient maintenus ; ils étaient agrandis, ramifiés et complétés.

L'arrosage embrassait une superficie de 35.500 hectares : 10.600 hectares répartis entre six bassins desservis par trois canaux, ayant leur prise dans l'île même ; 24.900 hectares répartis entre neuf bassins desservis par des machines élévatoires, alimentant plusieurs canaux et leurs ramifications.

La dépense était évaluée 1.650.000 francs, la plus-value à réaliser à 25.000.000 francs.

Une Commission consultative fut instituée par arrêté préfectoral du 24 mai 1850 pour étudier l'amélioration de la Camargue et examiner les projets de MM. les ingénieurs. Cette Commission se divisa en cinq sous-commissions : de la digue à la mer, des écoulages et du dessèchement, de l'irrigation naturelle, de l'irrigation par machines à vapeur, enfin des voies de communication. Chaque sous-commission lut son rapport dans une Assemblée générale du 14 novembre 1850 ; une sous-commission centrale fut nommée avec mission de déposer un rapport général, qui fut lu le 11 octobre 1851. Au sein de cette sous-commission, quatre membres se prononcèrent pour l'ajournement indéfini du projet ; trois demandèrent que, pour le moment du moins, il ne fût question que de la digue à la mer; quatre réclamèrent l'enquête immédiate. Le président alors mit aux voix le projet de la digue à la mer, mais les suffrages demeurèrent les mêmes. La Commission consultative s'ajourna alors à quinzaine, elle ne s'est plus réunie.

IV

Décision ministérielle du 27 avril 1859

De ce qui précède, restait un fait incontestablement acquis : la nécessité de la digue à la mer. Aussi l'enquête fut-elle ouverte le 14 octobre 1853 sur cette partie de l'avant-projet dont l'exécution fut déclarée d'utilité publique par décret du 19 août 1856, et dont l'entretien fut mis, par le décret du 24 août 1859, à la charge du syndicat de la digue à la mer.

Pendant ce temps, un nouveau projet fut présenté par la Compagnie dite de la Grande Camargue. Les propriétaires, craignant l'intervention d'un concessionnaire, demandèrent la mise aux enquêtes des projets de 1850 et offrirent même de se constituer en associations syndicales pour procéder à l'exécution des travaux avec le concours et les subventions de l'Etat.

Ces propositions furent acceptées par l'Administration supérieure et une décision ministérielle du 27 avril 1859 arrêta le programme suivant :

1° Adoption d'un projet général d'amélioration et revision de celui de MM. Surrell et de Montricher ;

2° Mise à l'enquête de ce nouveau projet, qui deviendrait le point de départ de tous les projets pouvant être ultérieurement dressés, soit pour le desséchement, soit pour l'irrigation ;

3° Création d'associations syndicales pour l'exécution des dits projets, ou maintien des anciennes associations dans le même but.

MM. Bernard et Perrier revisèrent les études de MM. Surrell et de Montricher et présentèrent, à la date des 31 décembre 1859, 29 février 1860, un avant-projet dont nous allons parler avec un peu plus de détails. Admirablement conçu au point de vue technique, très étudié par suite des connaissances locales de M. Bernard son auteur, ce projet constitua sur les autres un progrès marqué, en ce sens qu'il souleva après lui des objections, des discussions longues et sérieuses et que, par suite même, sans avoir réussi à se faire accepter, il a précisé les termes du problème à résoudre.

Du Projet d'amélioration de MM. Bernard et Perrier

I

Ensemble du projet

Le projet de MM. Bernard et Perrier comprenait trois ordres de travaux :

1° Travaux d'assèchement ;
2° Travaux d'irrigation ;
3° Routes agricoles.

Les travaux d'assèchement consistaient en canaux d'écoulement vers l'étang du Valcarès, et en machines élévatoires destinées à maintenir ce récipient à la cote normale de 0.50 au-dessous de la basse mer. La dépense de premier établissement était estimée à 1.400.000 francs pour les canaux d'écoulage, et à 480.000 francs pour les machines élévatoires. Les frais d'entretien des canaux d'écoulage seraient de 25.000 francs par an, et ceux de fonctionnement des machines d'épuisement pourraient s'élever à 45.000 francs, ce qui porterait à 70.000 francs la charge annuelle de l'entretien.

D'après M. Bernard, les irrigations naturelles, c'est-à-dire pouvant être obtenues au moyen de prises ouvertes dans l'île même, s'étendraient sur une surface de 19.850 hectares pendant les mois d'avril, mai, juin, juillet, alors que le Rhône est généralement à 0.70 au-dessus de son étiage ; et sur une superficie de 10.600 hectares seulement, pendant les mois d'août, septembre, époque ordinaire de l'étiage. Les canaux projetés étaient au nombre de deux : l'un aurait sa prise au Petit Rhône, entre Caseneuve et le pont de Fourques, l'autre sur le Grand Rhône à la hauteur de Tourtoulein. La dépense était évaluée à 1.490.000 francs pour le premier et à 230.000 francs pour le second, soit, en tout, 1.720.000 francs.

Les routes agricoles proposées étaient au nombre de trois, se dirigeant d'Arles à Saint-Gilles, d'Arles aux Saintes-Maries, et d'Arles à Faraman ; la dépense évaluée serait de 800.000 francs.

Ce projet fut ensuite modifié pour répondre à des propositions de la Société Merle et Cⁱᵉ, propriétaire du Valcarès, tendant à retrancher de ce récipient une superficie de 2120 hectares pour l'appliquer à une exploitation industrielle (extraction des eaux de la mer du sulfate de soude et du chlorure de potassium). Ces modifications furent indiquées et justifiées dans un rapport de M. Bernard du 13 mars 1861 et dans un rapport de M. Perrier du 5 avril de la même année.

II

Dépenses

Les dépenses atteignaient, d'après M. Bernard, une somme de 4.400.000 francs, et ne devaient pas, d'après M. Perrier, ingénieur en chef, dépasser 3.600.000 francs.

« Mais, disait M. Perrier dans un rapport daté du 29 février 1860, on se « tromperait grandement si on croyait que les dépenses qui viennent d'être « indiquées sont les seules à faire pour porter l'agriculture de la Camargue « au degré de la prospérité qu'elle peut atteindre un jour.

« La population éparse dans l'île occupe environ cent cinquante fermes : « or, quand les travaux d'amélioration mentionnés ci-dessus seront exécutés, « il faudra, pour cultiver convenablement le sol, en admettant même que « l'on conserve la grande culture, une population triple au moins de celle « qui existe aujourd'hui : ce qui suppose que l'on construira trois cents « fermes de plus pour loger la nouvelle population et faciliter la division « des domaines. Or, chaque maison de ferme coûtera environ 25.000 francs « à raison du prix élevé des constructions dans la Camargue. D'où il résulte « une dépense totale de sept millions et demi ; à quoi on doit ajouter, pour « achat d'instruments aratoires, bestiaux, engrais et pour ouverture des fossés « secondaires destinés à compléter l'assèchement des terres une somme « d'au moins deux millions et demi. D'où il suit que les propriétaires auront « à supporter, en sus du capital des travaux, un autre capital de dix

« millions, ce qui porterait le capital nécessaire à l'amélioration complète
« de la Camargue à environ quatorze millions. »

III

Plus-value La plus-value résultant de ces améliorations est prévue de la manière
suivante :

« Quant à la plus-value du sol (non compris la valeur des nouvelles
« maisons de ferme) pouvant résulter de l'exécution des travaux de dessè-
« chement et d'irrigation, nous pensons qu'on peut l'évaluer, sans exagération, ainsi qu'il suit :

« Pour l'œuvre de dessèchement : 7.500 hectares de
« marais à raison de 1.500 l'un, soit 11.250.000 francs, ci. F. 11.250.000
    « 15.400 hectares de pâturages et terres vagues à
« raison de 1.000 francs . . . . » 15.400.000
    « 14.000 hectares de terres cultes dont l'assèchement
« sera amélioré à raison de 500 francs par hectare, soit. . . » 7.000.000

        « Total . . . . F. 33.650.000
« 2° Pour l'œuvre d'irrigation : 1.950 hectares de terres
« pouvant s'arroser à raison de 1.000 francs par hectare. . F. 19.850.000
    « Soit un total, pour l'œuvre de dessèchement et
« d'irrigation, de . . . . F. 53.500.000

« Dans l'évaluation de la plus-value nous n'avons pas tenu compte de
« l'accroissement de valeur que l'ensemble des propriétés retireront : d'une
« part, de la suppression des causes de l'insalubrité, à laquelle la plus
« grande partie de l'île est soumise aujourd'hui ; et, d'autre part, des facilités
« que la construction des routes agricoles procurera dans les moyens de
« communications.

« Nous pouvons donc, sans crainte de commettre d'exagération, fixer
« à 53.000.000 francs la plus-value que la Camargue est destinée à
« recueillir au jour de l'exécution des travaux dont la dépense est évaluée
« à 4.000.000 francs. »

Cet établissement de la plus-value, dont nous donnerons la critique tout à l'heure, est immédiatement suivi des réflexions suivantes :

« M. Poulle, qui avant M. Surrell s'est occupé de la Camargue, avait « porté cette plus-value à 73.000.000 francs

« M. Surrell a fixé à vingt-cinq millions celle pouvant résulter de « l'irrigation, il n'a pas indiqué celle résultant du dessèchement.

« *Mais il ne faut pas se faire d'illusion.* Le progrès de l'agriculture « dans la Camargue, après l'exécution des travaux de dessèchement et « d'irrigation seront l'œuvre du temps. *Ils se produiront lentement et* « *seulement au fur et à mesure que les propriétaires verront leurs* « *ressources s'accroître et qu'ils pourront avec leurs épargnes bâtir des* « *fermes, appeler de nouveaux colons et leur faire des avances.*

« Nous devons même dire que, dans les premières années, *les pro-* « *priétaires qui possèdent les marais et les pâturages bas, verront leurs* « *revenus diminuer*, parce que ces terres desséchées ne pourront être « converties en prairies ou en terres cultes qu'après avoir été entièrement « dessalées par une irrigation abondante. »

IV

**Voies et moyens
d'exécution**

Le rapport de M. Perrier s'occupe ensuite des voies et moyens d'exécution.

D'abord en ce qui concerne les travaux d'écoulement ;

« Les ouvrages proposés pour amélioration des écoulages et opérer le « dessèchement ne consistent pas seulement dans l'approfondissement, « l'élargissement et la rectification partielle des cours d'eau actuellement « existants. Ils constituent en réalité une œuvre entièrement nouvelle, puis- « qu'il s'agit d'ouvrir sur beaucoup de points des canaux qui n'ont jamais « existé. La plupart des anciens canaux sont à la vérité conservés ; en les « améliorant, ils feront partie de l'ensemble de l'entreprise ; mais cette « circonstance ne saurait altérer le caractère véritable de l'œuvre projetée.

« Cela posé, les lois actuelles (et la jurisprudence du Conseil d'Etat l'a « confirmé dans diverses occasions récentes) ne permettent pas à l'Admi-

« nistration de contraindre les propriétaires à exécuter les travaux dans le
« but d'accroître les produits du sol ; il faut dès lors, si la question est posée
« sur ce terrain, que les propriétaires consentent à entreprendre les dits
« travaux ; et l'on ne pourrait mieux faire à cet égard, que de maintenir,
« comme nous l'avons déjà dit, les associations existantes, à moins que
« quelques-unes d'entre elles ne préfèrent se dissoudre et se réunir avec les
« associations voisines pour les travaux qui présentent un intérêt commun.

« Mais les bases anciennes de répartition de dépenses ne pourront
« évidemment être appliquées aux travaux nouveaux qui devront s'exécuter.
« *Il faudra donc que les propriétaires délarent non seulement qu'ils*
« *veulent entreprendre les travaux,* mais encore qu'ils consentent à
« payer les dépenses d'après les nouvelles bases, qui pourront être arrêtées
« par un règlement d'administration publique à intervenir, tant pour les
« travaux qui ne concerneraient qu'une seule association, que pour ceux
« qui intéresseraient plusieurs associations.

« L'Administration parviendra-t-elle, malgré tous les avantages que
« que peuvent offrir les travaux, à obtenir le consentement général des
« propriétaires, un accord entre eux, pour les nouvelles bases de répartition
« des dépenses, ou leur adhésion à se soumettre aux bases qui pourront être
« arrêtées par le nouveau règlement ? Là est la difficulté, et elle est grande
« sans doute ; mais nous l'aborderons avec confiance, lorsque nous pourrons
« présenter aux propriétaires un avant-projet que l'Administration aura jugé
« digne d'être mis à exécution. Nous proposerons alors le règlement dont il
« s'agit, dans lequel nous comprendrons : 1° la réorganisation des associa-
« tions existantes ; 2° les travaux à faire par chacune d'elles ; 3° les bases
« nouvelles de répartition des dépenses entre les intéressés de chaque
« association ; 4° la répartition entre les diverses associations des dépenses
« relatives aux travaux d'intérêt commun.

« Ce projet de règlement, que nous ne dresserons qu'après en avoir
« conféré avec les syndics des diverses associations actuelles, devra être mis
« à l'enquête en même temps que le projet des ouvrages, afin que les
« propriétaires puissent apprécier tout à la fois le système des travaux
« proposés par les ingénieurs et les moyens de faire face aux dépenses. On
« dressera en outre, pour chaque association, une liste d'adhésion des
« propriétaires au projet et au règlement, et les propriétaires seront invités à
« signer cette liste.

« Nous espérons que nos efforts aboutiront ; mais, pour assurer le
« succès, nous pensons que l'Administration doit accorder, dans une entre-
« prise aussi importante, une forte subvention, égale au moins au tiers de la
« dépense, afin d'alléger les sacrifices que les propriétaires auront à suppor-
« ter ; ces sacrifices seront d'autant plus lourds pour eux, que, déjà, ils sont
« soumis à des charges énormes. Les contributions de toutes natures qu'ils
« qu'ils payent en ce moment, y compris celles relatives à l'amélioration des
« chaussées du Rhône, s'élèvent, en effet, au quart du revenu ; une pareille
« situation ne saurait manquer de toucher le Gouvernement.

« Si M. le Ministre daigne accueillir notre proposition, la subvention
« à accorder serait de 400.000 francs et il resterait à fournir par les pro-
« priétaires 800.000 francs. »

Ces premières explications sont suivies des propositions suivantes, que
les propriétaires considérèrent, avec raison, comme formulant, de la part de
l'un des représentants de l'Etat, les menaces les plus dangereuses :

« Dans le cas où nous ne pourrions obtenir l'adhésion de tous les
« propriétaires, nous avions pensé, d'abord que l'article 48 du décret du
« 4 prairial an XIII (que l'on maintiendrait dans le nouveau règlement)
« donnerait à la rigueur au syndicat central le pouvoir d'imposer aux
« diverses associations l'exécution de l'ensemble des travaux projetés ; mais,
« en rapprochant l'article 48 de l'article 21 relatif à la répartition des
« dépenses, nous sommes restés convaincus que l'article 48 n'a trait
« qu'aux dispositions propres à conserver ou à perfectionner les ouvrages
« existants et nullement à celles ayant pour objet un système nouveau et
« complet de l'amélioration de la Camargue.

« Si donc les adhésions des propriétaires faisaient défaut, il ne resterait
« au Gouvernement qu'à concéder le desséchement de tous les marais de la
« Camargue, par application de la loi du 16 septembre 1807, à un entre-
« preneur qui consentirait à exécuter les travaux aux conditions qui seraient
« déterminées par l'acte de concession ; et au nombre de ces conditions
« serait nécessairement l'obligation de construire les canaux d'irrigation,
« pour que les terrains desséchés puissent être mis en culture après avoir
« été dessalés. *Mais nous devons reconnaître que cette mesure ne*
« *manquerait pas de soulever des réclamations* de la plus grande
« majorité des intéressés, qui verraient avec regret l'œuvre du dessèche-

« ment, rendue si facile par l'abaissement de Valcarès, passer en des mains
« étrangères. Il en coûterait certainement au gouvernement d'adopter un
« pareil parti : *il importe néanmoins que les propriétaires sachent que*
« *l'Administration n'hésitera pas à le prendre, s'ils refusent de se*
« *charger eux-mêmes de l'exécution des travaux*. La mise à l'enquête
« du projet et du nouveau règlement constitutif des associations sera une
« épreuve décisive à la suite de laquelle une résolution définitive inter-
« viendra.

« L'Administration pourrait bien encore considérer que le dessèche-
« ment de la Camargue est une œuvre essentiellement de salubrité et
« ordonner que les travaux seront exécutés en conformité des articles 35,
« 36, 37 de la loi du 16 septembre 1807. Aux termes de l'article 35, tous les
« travaux de salubrité qui intéressent les villes et les communes seront
« ordonnés par le Gouvernement et les dépenses supportées par les com-
« munes intéressées.

« Mais, comme les communes d'Arles et Saintes-Maries sont dans
« l'impossibilité de concourir aux dépenses, la subvention du Gouverne-
« ment serait donnée pour servir à la décharge de ces communes et le
« restant des dépenses serait supporté par les propriétaires qui retireraient
« des avantages immédiats de l'exécution des travaux.

« (Article 36 de la loi) : tout ce qui est relatif aux travaux de salubrité
« sera réglé par l'Administration publique ; elle aura égard, lors de la
« rédaction du rôle de la contribution spéciale destinée à faire face aux
« dépenses de ce genre de travaux, aux avantages immédiats qu'acquer-
« raient telles ou telles propriétés privées pour les faire contribuer à la
« décharge de la commune dans des proportions variées et justifiées par
« les circonstances. Les rôles des impositions des propriétaires seraient
« dressés par le Préfet, sauf recours devant le Conseil de préfecture
« (article 37). Le Préfet prescrirait les mesures propres à assurer l'entre-
« tien des ouvrages. Ce système parfaitement légal serait d'une application
« facile et conduirait sûrement au but, *nonobstant les oppositions ou*
« *résistances* individuelles qui pourraient se former contre le projet. »

Le rapport continue en montrant l'amélioration de la Camargue
comme une œuvre intéressant même le Département et motivant, de la part
de celui-ci, le vote d'une subvention importante.

V

Canaux d'irrigation

En ce qui concerne les canaux d'irrigation, le rapport, considérant que ces travaux qui doivent la procurer sont facultatifs, décide qu'ils doivent être exécutés par les propriétaires et à leurs frais, sauf concours de l'Etat pour une subvention de 375.000 francs, laissant à la charge des intéressés une dépense de 1.125.000 francs.

VI

Routes agricoles

Nous ne parlerons que pour mémoire des routes agricoles, dont le coût était évalué à 900.000 francs, sur lesquels l'Etat payerait 790.000 francs, laissant à la charge des communes les frais de terrassement et d'achat de terrains pour 100.000 francs et l'entretien ensuite.

VII

Conclusions

Le résumé et les conclusions de M. l'ingénieur en chef Perrier sont toutes à citer :

PREMIÈRE PROPOSITION

« Il y a lieu d'approuver l'avant-projet présenté par M. l'ingénieur « Bernard pour l'établissement des canaux d'écoulement, d'irrigation et « pour la construction de trois routes agricoles et d'en autoriser la mise à « l'enquête sous les réserves ci-après :

« Le débit des canaux d'écoulement ne sera définitivement réglé « qu'après qu'on aura constaté, par des observations faites dans le courant « de l'année 1860, l'abaissement maximum du niveau du Valcarès par « rapport au volume total des pluies tombées sur les versants.

« Le débit des canaux d'irrigation sera réglé d'après l'hypothèse que le « maximum du volume d'eau fourni aux arrosages sera de 12 mètres cubes « par seconde.

« Les machines destinées à épuiser les eaux du Valcarés et à empê-
« cher ces eaux de s'élever à une hauteur qui puisse nuire à l'œuvre de
« dessèchement ne seront établies qu'autant que l'expérience en dirait la
« nécessité ; les frais de construction et d'entretien demeureront en entier
« à la charge des arrosants, à moins qu'il ne soit démontré que le résidu
« seul des eaux pluviales suffit pour rendre nécessaire le jeu des dites
« machines. Dans ce cas, les dépenses de construction et d'entretien seraient
« réparties entre les arrosants et les propriétaires des terrains desséchés,
« dans la proportion qui serait fixée par un règlement d'administration
« publique, à défaut d'accord entre les parties.

« La chaussée en empierrement des routes agricoles aura trois mètres
« de largeur ; l'enquête portera sur les deux tracés indiqués sur les plans
« pour la route d'Arles à Faraman, l'un longeant la rive droite du grand
« Rhône, et l'autre passant sur le côté oriental du Valcarès et de la
« Grand Mar.

DEUXIÈME PROPOSITION

« Les canaux d'écoulement et de dessèchement seront exécutés, sous
« la surveillance des ingénieurs, par les associations existantes, sauf à
« apporter dans leur organisation actuelle les modifications qui seront
« jugées nécessaires, tant pour leur périmètre que pour les bases de répar-
« tition des dépenses, d'après les travaux qui devront se faire.

« Un projet général de règlement d'administration publique sera
« dressé à cet effet après en avoir débattu les bases avec les syndics actuels,
« et sera mis à l'enquête en même temps que le projet général des travaux.

« Il sera ouvert en outre, aux communes d'Arles et des Saintes Maries,
« pour chaque association, pendant la durée de l'enquête, des listes sur
« lesquels les propriétaires intéressés seront invités à apposer leur adhésion
« au projet des travaux et au projet de règlement.

« Le concours du Gouvernement pour les dits travaux demeurera fixé
« au tiers de la dépense, soit par prévision à 400.000 francs.

« Le Conseil général devra être invité, à sa session prochaine, à faire
« connaître la subvention qu'il consentira à accorder sur les fonds du Dépar-
« tement, pour les mêmes travaux.

TROISIÈME PROPOSITION

« Au cas où les propriétaires refuseraient d'exécuter les travaux
« de dessèchement projetés, le Gouvernement concédera les dits travaux
« en exécution de la loi du 16 septembre 1807, ou les fera exécuter
« d'office, comme œuvre de salubrité, par application des articles
« 35, 36 et 37 de la dite loi.

QUATRIÈME PROPOSITION

« Les canaux d'irrigation seront exécutés, sous la surveillance des
« ingénieurs, par les propriétaires intéressés, réunis à cet effet en association
« syndicale.

« Il y aura deux associations distinctes : l'une pour les canaux
« alimentés par la prise du petit Rhône, et l'autre pour les canaux alimentés
« par la prise du grand Rhône.

« Il sera créé, par le Préfet, des syndicats provisoires pour arriver à la
« formation définitive des dites associations. Un projet de règlement auquel
« ces associations seront soumises, et dans lequel on inscrira une clause
« relative à l'établissement éventuel des machines d'épuisement du Valcarès,
« sera dressé par les ingénieurs et mis à l'enquête ; pendant la durée de
« l'enquête, des listes seront ouvertes, aux mairies des communes d'Arles
« et des Saintes-Maries, pour recevoir les souscriptions des propriétaires
« qui consentiront à faire partie des associations.

« Le concours du Gouvernement pour l'exécution des dits travaux est
« fixé au quart de la dépense, soit par prévision à 375.000 fr., non compris
« les frais d'établissement des machines d'épuisement du Valcarès qui
« restent en entier à la charge des intéressés,

CINQUIÈME PROPOSITION

« Les trois routes agricoles projetées seront exécutées sous la direction
« unique des ingénieurs. L'Etat prend à sa charge la chaussée en empier-
« rement et les ouvrages d'art. Les dépenses relatives aux achats de terrains
« et aux terrassements seront supportées par les communes, sauf les
« subventions qui pourront leur être accordées par le Département. »

VIII

Décision ministérielle du 10 août 1861

Après avoir examiné en Conseil général des Ponts et Chaussées, les pièces des projets dressés par MM. Bernard et Perrier, M. le Ministre prit, le 10 août 1861, une décision dont voici les dispositions :

1° Il y a lieu d'approuver, comme base des enquêtes, ces avant-projets présentés pour l'amélioration de la Camargue, sous la réserve que le dessèchement ne sera appliqué qu'aux surfaces susceptibles d'être arrosées avec les eaux du Rhône.

Quant aux autres terres, les améliorations qui pourraient être utiles seraient réalisées par application de la loi du 10 juin 1854.

2° Avant qu'il soit procédé ultérieurement aux études détaillées, les propriétaires des terrains compris dans les périmètres irrigables seront invités à faire connaître le nombre d'hectares de ces terrains qu'ils entendent mettre en culture ou en prairies.

3° Si ce nombre est jugé suffisant pour que l'opération puisse être utilement entreprise, les ingénieurs feront l'étude du projet définitif d'arrosement et de dessèchement ; et, lorsque le chiffre de la dépense aura été établi, les propriétaires seront invités à contracter des engagements fermes qui ne puissent plus être éludés plus tard.

La subvention à accorder par l'Etat ne pourra en aucun cas dépasser le tiers des dépenses ; les dépenses faites pour la construction de la digue à la mer (environ 600.000 fr.) seront comprises dans cette subvention.

4° En ce qui concerne les routes agricoles, l'Etat prendra à sa charge l'établissement des chaussées d'empierrement et les ouvrages d'art, tandis que les terrassements, indemnités et frais d'entretien resteront à la charge des communes ; mais cette subvention ne sera accordée qu'autant que l'importance agricole de la Camargue devrait être augmentée par l'exécution des travaux d'amélioration projetés.

De l'Enquête de 1862 sur les Projets d'amélioration de MM. Bernard et Perrier

Aspect général
de l'enquête

L'enquête prescrite par la décision ministérielle du 10 août 1862 eut lieu, et fut clôturée par un procès verbal de la commission chargée d'en faire le dépouillement et de donner son avis motivé, en date à Arles du 21 février 1862.

Le projet était étudié avec le soin et l'intelligence ordinaires de son auteur principal, distribué avec une habileté incontestable et même avec une réserve et une sagesse qui étaient la suite naturelle de ses connaissances locales. L'enquête, cependant, démontra qu'il n'était point conçu dans le sens des véritables aspirations du pays. C'est du moins, ce qui se dégage de 46 déclarations protestaires qu'elle renfermait, et presque toutes résumées et comprises dans celles plus explicites produites par MM. Mistral frères et par le Conseil municipal d'Arles.

Sans doute l'Administration, en ordonnant ces études, ne fit que donner une preuve du très vif et très sincère désir de bien faire qui l'animait ; mais, l'intérêt privé peut être lent à accepter les projets dont le profit ne lui est pas clairement démontré, sans qu'on puisse bien adresser le reproche d'être inintelligent, alors surtout qu'il est comme en pareil cas groupé et représente celui des deux communes voisines et d'un nombre considérable d'hectares. Si les projets présentés par MM. les Ingénieurs ne séduisaient pas et n'entraînaient pas au premier abord les propriétaires, c'était qu'évidemment ils péchaient par quelques points ; sans doute l'utilité théorique des travaux était indéniable, mais leur exécution soulevait des questions d'économie touchant si vivement à la fortune privée et individuelle, qu'il était impossible d'écarter cet élément d'appréciation.

Certes, on ne pouvait reprocher à la population de la Camargue, tant propriétaires que fermiers, de ne point avoir été vaillante et dévouée au progrès, d'avoir reculé devant aucun sacrifice pour résister aux fléaux conjurés contre elle. On en trouverait facilement la preuve dans l'entretien des roubines, des écoulages des chaussées de défense contre le Rhône, enfin dans cet ensemble de travaux publics dus entièrement aux possédants biens, dont notre territoire fournit l'exemple. Mais il était difficile de ne point reconnaître la vérité des reproches qui étaient formulés à l'encontre du projet.

I

Des surfaces à améliorer

D'abord, au point de vue des surfaces et des natures de terres auxquels il s'appliquait.

Avec une dépense considérable, l'irrigation était procurée aux terres moyennes et basses, dont l'amélioration ne pouvait qu'être plus coûteuse. Les terres plus élevées qui auraient par des rendements plus importants pu justifier des plus-values moins contestables étaient laissées de côté.

D'autre part, le dessèchement des marais rendait tout à fait inutile une quantité considérable de terrains incapables de produire autre chose que des roseaux, et il supprimait du même coup une partie des plus importantes et des plus rationnelles de l'exploitation en Camargue.

II

Importance des dépenses

En second lieu, le projet portait à trop haut prix les avantages qu'il promettait, alors même que ceux-ci n'eussent point été exagérés. L'obligation faite au propriétaire de dépenser une somme double ou triple de la valeur primitive de sa terre, était à bon droit considérée comme une dépossession véritable. Comment, en effet, la plupart des propriétaire auraient-ils pu se procurer les fonds nécessaires à pareilles entreprises ? Ceux qui possédaient de grands domaines auraient dû débourser des sommes d'autant plus importantes que leur contenance était plus considérable; c'eût été pour ceux dont les propriétés sont déjà données en gage, pour les mineurs, les interdits, les incapables d'une impossibilité radicale et absolue.

III

**Exagération
des plus-values**

Encore il fut impossible aux propriétaires comme aux hommes pratiques de la ménagerie d'Arles, de croire un instant aux plus-values énormes que l'on faisait miroiter à leurs yeux.

C'est une question sur laquelle nous aurons occasion de revenir à propos de l'étude même du projet, à l'occasion duquel nous écrivons.

IV

**Espérances
de colonisation**

Enfin, il y avait lieu de réduire singulièrement les espérances de colonisation rapide préconisées par le projet : le mouvement de retour vers la campagnes n'était pas annoncé en Camargue, et il paraissait même plus éloigné que jamais.

V

**Conclusions
de la Commission
d'enquête**

La Commission d'enquête, qui en principe n'était point défavorable à l'amélioration du territoire, mesurait les avantages du projet à leur juste mesure.

Elle reconnaissait que les terres hautes pourraient, grâce à l'abaissement du plan d'eau intérieur, être asséchées davantage, assainies, et qu'à l'aide d'un supplément d'engrais on arriverait peut-être et progressivement, par la suppression de la jachère bisannuelle, à une production double de celle d'aujourd'hui.

En ce qui concerne les herbages, trois ans au moins pourraient suffire pour en opérer le dessalement convenable, et on pourrait espérer faire au courant de l'été une coupe de foin, sauf à profiter ultérieurement de ces terres par une culture plus avancée.

Enfin, les marais pourraient continuer à être cultivés en roseaux et litières ; mais avec renouvellement des eaux au moment voulu et assèchement régulier, ne leur donnant pas de caractère plus malsain qu'à la prairie.

La Commission estimait en somme que : « l'amélioration de la
« Camargue pourrait à bon droit être considérée comme une œuvre
« d'utilité publique, tendant à créer dans le sud-est de la France un centre
« de productions abondantes et assurées dans l'avenir.

« Que le projet présenté par MM. Bernard et Perrier exécuté dans son
« ensemble, mais sous certaines modifications de détail, serait le principe
« de la fertilisation de la Camargue, et donnerait à l'industrie agricole et
« aux capitaux qu'elle engage des moyens et un but que l'état d'alors leur
« refusait absolument.

« Que la mise en culture des 20.000 hectares de marais ou pâturages
« formant le champ principal du projet d'amélioration, ne résulterait pas
« *immédiatement de l'assèchement et de l'irrigation* ; ces éléments de
« richesse agricoles si énergiques et si prompts partout ailleurs, ne
« créeraient d'abord en Camargue qu'une période de transition, celle du
« dessalement du sol. Cette période peut être *plus ou moins longue 10, 15,*
« *20 ans* pour les plus grands domaines, et le propriétaire pendant cet
« intervalle aurait, *sans augmentation de revenu et à la charge de*
« *restreindre ses jouissances quant à la dépaissance, à pourvoir*
« *aux frais d'appropriation du sol au fur et à mesure de sa trans-*
« *formation, à construire des bâtiments d'exploitation, à ajouter à*
« *ses charges habituelles celles de l'entretien du double système de*
« *dessèchement et d'irrigation.* La Commission estimait que c'était beau-
« coup présumer, trop exiger peut-être de toutes les situations, et qu'aller
« au delà, qu'ajouter à ces charges, dès le principe, une portion du
« capital de premier établissement, des canaux de dessèchement ou
« d'irrigation, serait évidemment sacrifier toute une génération de proprié-
« taires à un intérêt public.

« Elle conclut donc à ce que les principaux *canaux d'assèchement*
« en Camargue, tels qu'ils étaient portés au mémoire de M. l'Ingénieur
« Bernard, *soient considérés comme des travaux d'initiative destinés à*
« *combattre et à dominer les causes naturelles d'infertilité du sol,*
« *richement doué d'ailleurs, et dont l'État doit prendre à sa charge*
« *les frais de premier établissement, ne laissant à celle de la propriété*
« *que les dépenses consécutives et celles d'entretien.* »

Nouvel Avant-projet présenté les 17 et 23 mars 1863 par MM. Bernard et Perrier.

Le problème de l'amélioration de la Camargue est, comme on le voit, bien complexe, Le projet dont nous avons fait connaître les grandes lignes, les avantages comme les inconvénients d'une manière générale, eut entre autres mérites celui de soulever nettement la discussion des divers éléments dont il fallait tenir compte dans un pareil problème; il fixa les diverses exigences, provoqua une détermination plus exacte des conditions à remplir et ouvrit la porte à de nouvelles et plus fructueuses études.

Avant-projet restreint de 1863

MM. les Ingénieurs tinrent compte des observations formulées par la Commission d'enquête et dressèrent, à la date des 17 et 23 mars 1863, un avant–projet restreint aux canaux généraux d'écoulement et aux routes agricoles.

L'établissement de ces derniers éléments devant assurer en Camargue une plus grande viabilité fut ajourné par l'Administration supérieure d'après l'avis du Conseil d'Etat.

Au point de vue des écoulages, qui étaient la seule partie de cet avant-projet restreint, la Camargue fut divisée en trois bassins principaux : celui de Rousty au nord, celui de Fumemorte à l'est, celui de Sigoulette à l'ouest. Du centre de chacun de ces émissaires, devait partir un canal aboutissant au Valcarès, récipient général de l'île. Mais ces canaux ne sont pas destinés au dessèchement des terres basses, ni à *la suppression des marais* qui en serait la conséquence. *Ces marais sont conservés.* Les canaux généraux d'écoulement doivent seulement *en abaisser le plan d'eau, améliorer l'exploitation des produits de ces marais*, dessécher les terres arables, et enfin *contribuer à l'assainissement du delta.*

Pour atteindre ces résultats généraux, les canaux projetés satisferaient aux conditions suivantes : ils devraient avoir des dimensions telles, que le niveau des eaux n'y dépasse pas le point où commence la submersion des terrains autres que les marais pussent être mis à sec ; enfin il ne devrait y avoir entre les canaux et les marais que des communications facultatives.

Cet avant-projet restreint ne comprenait donc en définitive que trois canaux généraux d'écoulement, disposés de telle sorte que chaque fraction de bassin n'ait plus qu'à conduire ses eaux dans l'émissaire principal, correspondant au moyen de canaux secondaires qui seraient creusés ultérieurement par les intéressés.

Décret du 6 janvier 1866 — son exécution.

Délibération du Conseil général des Bouches-du-Rhône

Le Conseil général des Bouches–du-Rhône approuva le 27 août 1863 ce programme restreint, et s'engagea à payer les deux tiers de la dépense totale évaluée 45.000, l'autre tiers devant être acquitté par l'Etat.

L'entretien de ces canaux ainsi exécutés, et l'établissement des rigoles secondaires destinées à faciliter par ces canaux l'évacuation des eaux dans le Valcarès devaient rester à la charge des propriétaires intéressés réunis à cet effet en associations syndicales.

Décision ministérielle du 22 août 1871

Les projets primitifs de ces trois canaux généraux d'écoulements furent d'abord dressés à la date des 9 avril et 3 mai 1870, et donnèrent lieu à une décision ministérielle du 22 août 1871, qui prescrivit la constitution des associations syndicales dont il a été parlé.

Celles intéressant les bassins de Sigoulette et Fumemorte furent définitivement organisées par arrêtés préfectoraux des 18 mars 1873 et 5 mai 1874.

Constitution des Associations syndicales

La constitution de l'association chargée de l'entretien du canal du Rousty ne put être constituée par application de la loi de 1865. — La construction de ce canal ne put avoir lieu qu'en 1880, après que, par délibération du 10 février 1876 et 18 février 1878, le syndicat des vuidanges de la Corrège et Camargue major eut accepté de contracter au regard de l'Etat les engagements qui étaient imposés par celui-ci comme conditions de l'exécution des travaux.

Les trois canaux de Sigoulette, Fumemorte et Rousty fonctionnent depuis 1880.

L'enclave du premier comprend tout le périmètre des anciens marais des Bruns.

L'association de Fumemorte procure l'écoulage à une superficie totale de 8748 hectares 47 ares 76 c. divisée entre 44 propriétaires, et 1861 parcelles comprises dans le périmètre suivant au nord et à l'est la chaussée insubmersible du Rhône ; au midi le canal du Japon, la roubine de Roi et une roubine mitoyenne ; à l'ouest, le Levadon de la saline de Badon, la ligne séparative des communes d'Arles et des Saintes-Maries, le chemin vicinal numéro 15 d'Arles à Villeneuve et Badon, la ligne séparative des domaines de Fielouse et de la Tour de Vazel, et la roubine l'aube de Bonic.

L'association des vuidanges de la Corrège embrasse une contenance de 10079 hectares 96 ares 50 cent., reparties entre 549 propriétaires ; elle a pour confins : au nord et à l'est, la digue du Rhône ; au midi, la roubine la grande Montlong, la limite méridionale des marais de la grand mar, le chemin d'Albaron à Mejeannes ; à l'ouest, le chemin d'Albaron à Saint-Gilles et la draille Esmeline.

Ces travaux ainsi exécutés ont ouvert une ère nouvelle pour notre territoire.

Leur entretien par les associations que nous avons nommées a permis aux propriétaires syndiqués comme à ceux isolés de créer dans notre territoire des exploitations agricoles importantes, réalisant ainsi la suite du programme de l'amélioration de la Camargue, tel qu'il résulte de l'avant-projet de 1863 et du décret du 6 janvier 1866.

Bulletin des Lois — 6 janvier — 12 mars 1866.

Décret impérial portant ce qui suit :

1° Est déclaré d'utilité publique l'exécution de trois canaux d'écoulement généraux, d'un développement de 23.900 mètres environ, destinés à conduire les eaux des bassins de Rousty, de Fumemorte et de Sigoulette dans l'étang du Valcarès, suivant les directions figurées au plan dressé par les ingénieurs les 17 et 23 juillet 1863, lequel restera annexé au présent décret.

2° La dépense d'exécution de ces canaux, estimée à 450.000 francs, sera supportée :

Pour 300.000 fr., par le département des Bouches-du-Rhône, suivant la deli-bération de son Conseil général en date du 27 août 1863 ;

Et pour 150.000 fr., par l'Etat ; la part à la charge de l'Etat sera imputée sur le budget extraordinaire du Ministère de l'Agriculture, du Commerce et des Travaux publics (améliorations agricoles).

3° L'entretien des canaux ainsi exécutés et l'exécution des rigoles secondaires destinées à faciliter par ces canaux l'évacuation des eaux vers le Valcarès seront à la charge des propriétaires intéressés, qui seront ultérieurement réunis à cet effet en syndicat, conformément aux lois (B, 1370, n° 14068).

Des autres Projets pour l'amélioration de la Camargue.

L'insuccès des projets que nous venons de faire connaître n'empêcha pas d'autres systèmes d'amélioration d'être proposés pour l'île de Camargue.

I

Nouveau projet de M. Bernard

Tenant compte de certaines observations de la Commission d'enquête de 1862, M. Bernard avait d'abord remanié son projet pour étendre le périmètre d'irrigation à l'étiage, mieux profiter des surélévations du Rhône, augmenter le cube d'eau fourni, et enfin réaliser quelques améliorations pratiques.

À cette intention, un canal latéral au Rhône allait de Fourques à Chamone, et détachait une de ses branches vers Sylvéréal ; des canaux et rigoles secondaires distribuaient les eaux à l'intérieur de ce réseau. Les canaux d'écoulage étaient conservés au nombre de six ; comme dans l'ancien projet ils débouchaient au Valcarès, dont M. Bernard proposait l'épuisement à l'aide de machines hydrauliques devant maintenir son plafond à un mètre en contre-bas du niveau de la mer.

Les dépenses de ce nouveau projet (datant de mai 1865) se montaient à 13 millions, ainsi répartis :

Canal latéral au Rhône......................	Fr. 7.800.000	»
Branche de Syvéréal....	» 1.400.000	»
Canaux d'amenée et de fuite des moteurs........	» 1.600.000	»
Canaux d'écoulage....................... ..	» 1.500.000	»
Canaux d'arrosage.	» 700.000	»
Total.....	Fr. 13.000.000	»

L'État devait prendre à sa charge neuf millions
deux cent mille francs.......................... Fr. 9.200.000 »
Le département pour les canaux d'écoulage devait
compter pour............................... »   300.000 »
Les particuliers intéressés avaient une charge de. » 3.500.000 »

                          Total..... Fr. 13.000.000 »

Une Compagnie, présentée par M. Ducos, devait faire l'avance des
travaux, elle desséchait à raison de 7 fr. 50 par hectare et par an, pendant
cinquante ans. Elle donnait l'eau à raison de un litre par seconde et par
hectare, en percevant une redevance de 35 francs par hectare du 1er avril
au 1er octobre, et de 18 francs pour le reste de l'année.

Ce projet ne recueillit aucune adhésion, et n'excita aucun enthousiasme
chez les propriétaires ; ceux-ci apercevaient en effet très clairement la coti-
sation annuelle de 42 fr. 50 à payer par hectare, et ne se souciaient point de
grever leurs domaines d'une rente aussi lourde pendant cinquante ans.
Chacun d'eux avait encore à exposer chez lui de grandes dépenses d'appropriation et de mise en valeur, et il ne supputait point nettement les plus-
values tant en capital qu'en revenus.

L'Administration supérieure, d'accord avec eux, rejeta le projet comme
entraînant une dépense trop élevée.

II

**Projet
de M. Duponchel**

M. Duponchel, ingénieur en chef du service hydraulique de Montpellier
auteur de fort savantes études sur la situation géologique, hydraulique et
agricole de notre pays du Midi, proposa quelques années plus tard une
solution opposée à celles déjà rapportées.

Pénétré de la situation et des difficultés qu'on rencontrerait toujours à
grouper dans un système unique les intérêts si divers, les ressources si iné-
gales et les conditions si variées des propriétaires de Camargue, M. Duponchel proposait des *solutions partielles, morcelées,* pour améliorer au moins
sans retard les propriétés riveraines du Rhône. Prenant les eaux au Rhône,
l les écoulait comme celles du zénith dans le Valcarès, et préconisait

l'emploi de machines par grandes propriétés isolées ou par petits syndicats de propriétaires d'une même zone, organisés, comme pour les roubines.

M. Duponchel s'était livré à des études spéciales sur la création d'un sol fertile à l'aide des alluvions, que pouvaient faire rouler les torrents et les rivières. Il etait point partisan du colmatage pour la Camargue. Les 21 millions de mètres cubes d'alluvions que le Rhône transporte annuellemment à la mer pourraient bien chaque année aussi exhausser le sol de la Camargue de 0^m.02 ; mais, à son avis il faudrait pour cela de longs et immenses canaux à faible pente, et le premier résultat à craindre serait certainement l'envasement de ces canaux eux-mêmes. Les colmatages ne peuvent, en effet, se produire qu'aux extrémités des pentes, alors seulement que celles-ci sont suffisantes pour que les eaux roulées entraînent avec elles et jusque dans la plaine les détritus de toute nature, destinés à former la couche alluvionnaire. Les vitesses moindres engendrent, en effet, des dépôts, qui se propagent de proche en proche et finissent par obstruer complétement les canaux, à moins qu'on n'y oppose des curages et faucardements presque constants, laborieux et donnant un accroissement considérable aux dépenses de l'entreprise.

Dans ce travail, la question de dessalement est aussi traitée peut-être mieux qu'elle ne l'avait été jusque-là, et les difficultés qu'elle soulève sont parfaitement mises en lumière ; nous aurons occasion d'y revenir.

Le projet dont nous venons de donner une rapide esquisse empruntait une importance considérable à la notoriété de son auteur, dont l'opinion méritait d'être prise en bien sérieuse considération. Et le même ingénieur ayant eu à sa disposition les ressources financières de l'Etat pour faire en Gascogne, et dans les marais de Vic, près Montpellier, des essais sérieux de mise en culture, et ayant mis en œuvre les moyens les plus puissants, manifestait, comme nous l'avons dit, qu'à ses yeux une amélioration quelconque en Camargue ne pourrait réussir qu'à la condition d'être morcelée. « Tant qu'un « résultat de ce genre n'aura pas été obtenu, dit-il, tant qu'il n'existera pas « sur l'un des bras du Rhône une ou plusieurs exploitations modèles, don- « nant le spécimen de ce qu'on pourrait entreprendre avec la certitude du « succès, il y aura folie, croyons-nous, à vouloir établir à grands frais des « canaux d'irrigation ou des machines hydrauliques d'épuisement, loin de « voies véritablement navigables ; ce n'est pas un travail d'ensemble, « mais une exploitation restreinte que nous voudrions voir essayer en « Camargue. »

Et, de fait, comme nous faisions remarquer tout à l'heure, c'est la solution qui, présentée par les ingénieurs à la suite des résistances des propriétaires à des projets généraux, a été acceptée par eux, sanctionnée par le décret de 1866, et mise, enfin, en pratique d'une manière réelle et vraiment satisfaisante.

III

**Divers
autres projets**

Nous ne faisons que mentionner les projets suivants :

1" De la Compagnie Henri Merle (1866).

Réduction à une plus petite échelle de celui de M. Bernard, il proposait d'abaisser le plan d'eau du Valcarès, de transformer celui-ci en marais roseliers, d'améliorer les écoulages qui se déversent dans cet étang, et de créer des pêcheries dans les étangs inférieurs.

A cet effet, un canal devait prendre l'eau du Rhône, la conduire au Valcarès en créant une chute suffisante pour actionner des moteurs hydrauliques chargés de l'épuisement de l'étang.

La dépense de premier établissement, estimée à Fr. 11.000.000, devait être supportée par l'Etat et la Compagnie se chargerait de l'entretien en se réservant de distribuer l'eau aux propriétaires riverains, moyennant une redevance annuelle fixée.

2° De M. Caucanas.

Irrigation, par les eaux du Rhône, prises au confluent de la Durance et du fleuve, des terres comprises entre cette prise et Arles, et ensuite de la Camargue dans laquelle elles seraient amenées par un syphon métallique placé en tête de l'île.

3° De M. Tavernel.

Construction d'un canal, dit du bas Rhône, destiné à arroser et à colmater les terres de la Camargue, ainsi que la rive droite du Rhône entre Beaucaire et la mer.

IV

Projet de M. Duval Nous nous arrêterons un peu plus au projet de M. Duval (mai 1868).

Au point de vue du dessèchement, M. Duval utilise comme collecteur général le Valcarès, dans lequel les eaux sont amenées par un grand canal principal traversant la Camargue, du nord au midi, et par 9 canaux secondaires desséchant 9 bassins, asséchés eux-mêmes par des canaux de moindre dimension. Des machines à vapeur (à l'exclusion de machines hydrauliques) procurent le maintien du Valcarès à 1 mètre au-dessous de la mer moyenne. — Le Valcarès est destiné à devenir un marais roselier.

Les dépenses de premier établissement sont :

Indemnités de terrains	Fr.		620.000 00
Terrassements	»		5.700.000 00
Travaux d'art	»		880.000 00
Machines élévatoires	»		2.500.000 00
Imprévu	»		300.000 00
Frais généraux, études, administration, intérêts perdus	»		2.500.000 00
	Total.....	Fr.	12.500.000 00

Les dépenses d'entretien comptent pour les canaux :

Intérêts du capital, canaux..	Fr.	570.000 00		
Amortissement en 50 ans...	»	43.000 00	Fr.	767.000 00
Entretien, repurgement,....	»	128.000 00		
Surveillance	»	26.000 00		

Pour les machines ;

Intérêt (machines)	Fr.	180.000 00		
Amortissement des bâtiments	»	1.600 00		
Charbon	»	136.500 00		
Graissage	»	30.800 00	Fr.	415.000 00
Entretien	»	39.600 00		
Personnel	»	26.500 00		
Frais généraux			Fr.	118.000 00
	Total.....		Fr.	1.300.000 00

En ce qui touche à l'irrigation, les dépenses de premier établissement sont :

Indemnités de terrains	Fr	1.700.000 00
Terrassements	»	9.000.000 00
Travaux d'art	»	2.700.000 00
Somme à valoir	»	1.600.000 00
Frais généraux	»	2.500.000 00
Total	Fr.	17.500.000 00

Les dépenses annuelles se chiffrent par Fr. 1.700.000 00

Entre le dessèchement et l'irrigation, les frais de premier établissement atteignent une somme de 30 millions......... Fr. 30.000.000 00

Les frais d'entretien annuel pour le dessèchement	Fr.	1.300.000 00
Pour l'irrigation	»	1.700.000 00
Total	Fr.	33.000.000 00

L'État ferait la dépense des frais de premier établissement ; une Compagnie se chargerait de l'entretien avec une concession de cinquante ans, et le droit de vendre de l'eau aux propriétaires, à raison de Fr. 35 l'hectare.

Mais, comme elle n'aurait pas de bénéfice pendant vingt-un ans, l'État lui compterait une somme de 6 millions, représentant cette perte.

Quant aux propriétaires, ils devraient, pendant quatorze ans au moins, ne rien récolter, perdre plutôt que gagner, et dépenser, somme toute, 26 millions pour mise en culture.

Le bénéfice est tout naturellement dans la plus-value de la Camargue, qui est avouée comme devant être de 182 millions pour l'obtention duquel il faut demander à l'État 33 millions... .... Fr. 33.000.000 00

aux particuliers............................. » 26.000 000 00

Et encore le concours d'une Compagnie.

V

Projet de M. Redier

Enfin, nous arrivons à vous parler d'un projet d'une date plus récente (1890-1891), dû à la Compagnie agricole d'assainissement, de colmatage et de mise en valeur des marais du littoral, dirigée par M. A. Redier.

Cette Compagnie se proposait :

« 1° D'assurer d'abord et d'établir, d'une façon fixe, le régime des « écoulements de la Camargue vers la mer ;

« 2° D'amener dans les étangs et particulièrement dans l'étang du « Valcarès, par deux prises, l'une au grand Rhône, l'autre au petit Rhône, « les eaux douces troubles et fertilisantes du fleuve, à l'effet d'y cultiver la « pêche pendant une certaine période d'années ;

« 3° De créer des prairies palustres, puis peu à peu, au fur et à mesure « de l'exhaussement, établir des prairies naturelles, avec élevage et engrais- « sement du bétail ;

« 4° De mettre en culture de vignobles, céréales et prairies artificielles « les parties les plus élevées, après le colmatage de l'étang ;

« 5° Enfin, de créer des domaines, de les mettre en vente et de liquider « l'entreprise agricole après le terme de ses opérations. »

La Compagnie se qualifiait d'acquéreur par acte privé des étangs de Valcarès et des étangs inférieurs jusqu'à la mer, d'une surface, étang et lagunes, de 14.000 hectares environ.

Pour procurer le dessèchement, elle creusait deux grands collecteurs aux extrémités est et ouest de ses domaines, et les amenait déboucher aux pertuis de Rousty et de la Comtesse, en ayant soin de séparer de ces deux émissaires le Valcarès et les étangs inférieurs. Il ne paraissait pas tout d'abord nécessaire de procéder à l'installation de machines élévatoires pour compléter ce système d'écoulage.

L'évacuation rapide des eaux d'écoulement de la Camargue, jointe à l'entretien de la digue à la mer, permettait l'exploitation de la pêche, d'une manière productive et fructueuse dans tous les étang du delta ; et cette pêche augmenterait ainsi considérablement la production locale et consti- tuerait une plus-value du sol et un accroissement de revenus dont profite- raient indistinctement tous les propriétaires d'étangs.

Le Valcarès, du reste, est destiné à être colmaté par l'adduction des eaux du Rhône, à l'aide de deux prises pratiquées l'une : sur le grand Rhône, entre les mas de Beaujeu et de Tourtoulein ; l'autre sur le petit Rhône, entre Bouvet et le mas des Bruns. Les deux prises, donnant 24 mètres cubes à la seconde, apporteraient des troubles en quantité suffisante (47 °/₀ du volume), pour que l'opération, pratiquée pendant soixante jours, amène le colmatage du Valcarès, en dix ans, à une hauteur égale au niveau de la mer, et, en quinze ans, à une hauteur supérieure.

Dès la deuxième année, du reste, apparaîtraient les roseaux, les triangles ; la pêche diminuerait vers la cinquième année, et, enfin, à la dixième année, les prairies naturelles seraient très productives.

Les étangs inférieurs étaient conservés par le projet et réservés à la pêche en eau salée.

La dépense que la Compagnie supporterait toute entière était calculée à 1.403.637 fr., non compris le coût de ses acquisitions. Elle ne demandait à l'Etat qu'un décret d'utilité publique, qui lui permettrait d'acheter les terrains nécessaires pour la création de ces deux égouts collecteurs, la concession de deux prises d'eau et une subvention à titre d'encouragement.

Il n'était, comme on peut le voir, nullement question de l'irrigation d'aucune partie de la Camargue.

Il est important de savoir ce qu'à cette demande M. le Ministre de l'Agriculture répondit, sur l'avis de la Commission de l'Hydraulique agricole.

« Cet avant-projet n'est pas susceptible d'être pris en considération
« parce que l'exécution des travaux projetés aurait pour conséquence la
« suppression de l'étang du Valcarès, dont la conservation est indispensable
« à l'amélioration de la Camargue.

« *Un projet d'amélioration agricole de la Camargue, reposant*
« *essentiellement sur le maintien et l'utilisation de l'étang du Valcarès*
« *avait déjà été dressé et réalisé en grande partie, et il convient de s'en*
« *tenir à l'exécution de ce projet.* »

La Compagnie répliquait :

Elle était propriétaire des immeubles qu'elle voulait assainir et, sous le bénéfice de la loi de 1807, elle avait incontestablement le droit d'entreprendre elle-même l'assainissement de ses domaines.

Au reste, M. l'Ingénieur de l'arrondissement avait conclu, dans son rapport, à la prise en considération du projet d'assainissement et de colmatage. Le même rapport émettait l'avis que la Compagnie reconnût la nécessité d'établir des machines d'épuisement aux pertuis de Rousty et de la Comtesse, pour les canaux de dessèchement au moment où le Valcarès et les étangs inférieurs seraient isolés et ne feraient plus partie du système actuel d'écoulement et de dessèchement. Enfin on demandait à la Compagnie un avant-projet complet dans les formes réglementaires en vue du décret d'utilité publique (circulaire ministérielle du 14 janvier 1850, Travaux publics); au reste, jusqu'à la déclaration d'utilité publique, la question de l'intervention financière de l'Etat était réservée.

M. Redier, dans un rapport au Ministre, ajoutait que sa Compagnie, propriétaire du Valcarès, faisait toutes réserves au sujet des aggravations de servitudes que pouvaient imposer à son domaine les écoulages des vignes traitées par la submersion.

Il rappelait que l'avant-projet régulier avait été déposé ; et que la demande de concession de deux canaux avait été aussi présentée dans la forme voulue.

Enfin, il se prévalait des adhésions du Conseil municipal des Saintes-Maries (7 juin 1891) ; de celui d'Arles (31 janvier 1891) ; du Conseil général des Bouches-du-Rhône (11 avril 1891). Nous ferons remarquer à ce sujet que des conclusions favorables au projet furent présentées au Conseil par M. Aillaud, mais que M. Martin, conseiller général de Camargue, fit au moment du vote la déclaration suivante, insérée au procès-verbal sur sa demande : « Opposé au projet de colmatage du Valcarès qui me paraît « contraire aux intérêts que je représente, je déclare m'abstenir à l'occasion « de la prise en considération, adoptée par la Commission ».

M. Redier rappelait ensuite que sans doute les trois grands canaux d'écoulage avaient été construits par l'Etat, en exécution partielle du projet de 1863, mais que l'entretien de ces émissaires était onéreux aux propriétaires syndiqués ; que la digue à la mer était abandonnée à cause de la question toujours menaçante des indemnités à payer aux industries salinières à l'occasion de sa construction (1) ; qu'en l'état les dépenses avancées par le

(1) La question a été définitivement jugée par arrêté du Conseil de Préfecture des Bouches-du-Rhône, condamnant l'Etat au payement d'une indemnité de 120.000 francs avec intérêts du 4 Juillet 1870, et exonérant le Syndicat de toutes recherches.

Gouvernement depuis trente ans étaient improductives ; qu'il était du devoir de celui-ci de ne point anihiler les initiatives privées d'entreprises publiques si nécessaires au développement des industries nationales et de la salubrité publique ; qu'en présence des grands intérêts mis en cause l'Administration devait se départir de tout esprit d'opposition systématique injustifiée.

Au 28 novembre 1892, M. Redier n'avait point reçu de réponse, et les actionnaires s'impatientaient, comme il le fait remarquer dans une nouvelle lettre adressée à MM. les membres du Conseil supérieur d'hydraulique agricole, qui émit à la date du 5 avril 1893 les avis suivants :

« Les prévisions de M. Redier en ce qui touche le colmatage rapide
« des terrains dont il s'agit, sont de nature à donner lieu à de graves
« mécomptes. Pour être complète, l'opération exigerait un grand nombre
« d'années, et elle entraînerait la création de foyers marécageux, qui
« pourraient être plus dangereux encore pour la salubrité publique que
« ceux existant aujourd'hui.

« L'évacuation à la mer des écoulements de la Camargue pourrait
« être sans doute obtenue, comme le pense M. Redier, par les deux
« collecteurs projetés et l'installation de machines assez puissantes ;
« mais il faudrait pour cela, que la tenue du plan d'eau à l'extrémité
« des canaux ne fût pas réglée, comme semble l'admettre M. Redier,
« au zéro de la mer, mais à un niveau sensiblement inférieur, de
« manière à offrir aux écoulements de la Camargue, tout en tenant
« compte de la pente nécessaire, les facilités qu'ils trouvent dans le Valcarès.

« En ce qui concerne les machines élévatoires, les chutes du canal
« mixte que M. Redier se propose d'utiliser pour les actionner parais-
« sent loin de pouvoir procurer la force de 1500 chevaux dont parle le
« pétitionnaire ; tout au plus pouvaient-elles fournir de 400 à 500 chevaux,
« et encore d'une façon intermittente ; car le canal mixte est alimenté
« par la Durance, et de plus soumis à des chômages périodiques. »

Le projet de M. Redier en est demeuré là ; il n'était pas sans intérêt de connaître et d'appendre les diverses solutions que nous venons de rappeler.

C'est après avoir épuisé l'examen de tous autres projets antérieurement tracés que nous en arrivons à celui qui nous occupe actuellement.

Exposé du Projet actuel dans son ensemble

Le dossier soumis à l'enquête par la Société d'Etudes lyonnaises a été précédé d'un programme qui en fait connaître suffisamment les grandes lignes pour le pouvoir discuter.

On y lit :

« Le projet d'assainissement et d'irrigation de la Camargue sera conçu, « étudié et exécuté en vue de satisfaire la généralité des intérêts publics et privés.

« Il est de la dernière évidence que celles des terres de Camargue qui « sont situées à une altitude suffisante, deux à trois mètres par exemple au- « dessus du plan d'eau des vidanges, et qui disposent en outre d'irrigations « assurées, sont susceptibles des plus hauts rendements.

« Malheureusement, sur une superficie de 60.000 hectares environ (qui « est seule à envisager, quoique la Camargue en compte 72.000) 7.000 « hectares à peine remplissant les conditions ci-dessus sont aujourd'hui « irriguées, et une quantité tout au plus égale serait susceptible de l'être. En « l'état des plans d'eau d'évacuation, étant donnée surtout l'instabilité de « leur niveau, il est impossible de songer à mettre en cultures irriguées une « surface plus considérable. Or, avec la remontée du sel qui menace et « atteint successivement tout le territoire, il est indispensable d'organiser « les irrigations, tout au moins par assolement, sur toutes les surfaces que « l'on désire soustraire définitivement à l'action du sel.

« Dans cet ordre d'idées, un seul moyen se présente à l'esprit en vue « d'arriver à la transformation du territoire, l'abaissement du plan d'eau « des vidanges combiné à un système d'adduction des eaux douces du « Rhône.

« Pour le réaliser, deux ordres de travaux s'imposent ; la construction « d'un réseau de canaux de dessèchement, dont les plafonds seront à une

« cote importante au-dessous du niveau de la mer et du plafond du Valcarès ;
« la construction d'un réseau de canaux d'irrigation, dont les plafonds
« seront à une cote sensiblement plus élevée que celle de la généralité des
« terres qu'il s'agit d'irriguer.

Comme on le peut voir, le programme ressemble à ceux de tous les
projets de Camargue : il est double, et comprend le desséchement et l'irrigation artificielle.

Le programme continue, *en ce qui concerne le dessèchement* :

« (*a*) Le réseau des canaux de dessèchement et les machines d'exhaus-
« tion seront susceptibles de recevoir et de rejeter à la mer les écoulages de
« l'ile entière, en maintenant le niveau des eaux, à l'extrémité inférieure du
« grand colateur à 2 m. 50 au-dessous de la mer moyenne.

« (*b*) Les canaux de dessèchement à établir sur les terrains *acquis en*
« *vertu de la loi du 16 septembre 1807 (prise telle qu'elle est ou*
« *amendée)* ou *achetés tractativement*, seraient creusés par la Société
« concessionnaire et à ses frais. Ils seraient de droit anastomosés aux
« écoulages existants déjà, ou qui pourraient être ultérieurement construits
« sur les domaines des tiers et par leurs soins.

« (c) L'entretien des canaux de vidanges et ouvrages d'art construits
« par la Société concessionnaire, les frais d'entretien et d'exploitation des
« appareils d'exhaustion seront à tout jamais à la charge de la Société, quels
« que soient les volumes d'eau que ces canaux et machines aient à recevoir
« des tiers agissant en bons pères de familles.

En ce qui concerne l'irrigation, le programme prévoit :

« La construction, à la volonté des pouvoir publics,

« (*a*) Soit d'un réseau de canaux à chapes imperméables, et de machi-
« nes élévatoires susceptibles de fournir l'eau, nécessaire aux besoins de
« l'ile entière ; étant spécifié que les propriétaires ou syndicats pourraient
« dériver des canaux principaux de la Société, et à tel niveau que ces canaux
« les amèneraient, tels volumes d'eau qui conviendraient aux intéressés, à
« charge par eux de payer la redevance fixée par l'acte de concession. L'Etat
« s'engagerait par contre à ne donner aucune concession à d'autres qu'à des

« particuliers, ou à des syndicats de propriétaires, dans l'île, non subven-
« tionnés.

« (b) Soit d'un réseau de canaux susceptibles d'arroser exclusivement
« le domaine de la Société comme elle l'entendrait. »

De ce qui précède, il résulte que la Société concessionnaire se propose :

1° D'acquérir tractativement, *ou en vertu de la loi de 1807* (sur
l'application de laquelle nous reviendrons) une certaine quantité d'hectares
de terrains en Camargue, en faisant choix, bien entendu, dans la plus large
part possible, des terres basses et presque sans valeur aujourd'hui.

2° D'améliorer ces terres basses à ses frais, en abaissant artificielle-
ment le niveau des écoulages, de telle sorte que les plans d'eau d'évacuation soient constamment maintenus à 1 m. 25 environ au-dessous du
plafond du Valcarès ; ce qui procurerait à la Camargue l'avantage d'être
dénoyée en tous temps, alors même que sa superficie entière serait livrée à
l'irrigation.

Et, comme le dit encore le programme, « toute l'économie du projet de
« la Société pivote sur la plus-value que devront acquérir les terres basses
« presque sans valeur aujourd'hui, et sur l'attribution à la Société d'une part
« de ces terres, et par conséquent de cette plus-value ; mode le plus simple,
« le plus équitable, le moins sujet à discussion qui puisse se présenter à
« l'esprit, ces terres constituant à la Société un domaine qui n'aurait de
« valeur sensible que par les améliorations qu'y apporteraient le dessèche-
« ment et l'irrigation opérés par elle et à ses frais.

« Les terres hautes et les terres basses, qui resteraient aux tiers, bénéfi-
« cieraient de l'argent reçu par eux pour les cessions qu'ils auraient faites'
« de l'abaissement des plans d'eau d'évacuation, enfin de la mise à leur
« disposition, sans obligation d'en user, des eaux d'irrigation ; étant bien
« entendu que l'obligation contractée par la Société de recevoir les eaux de
« colature des tiers ne comporte de redevance d'aucune sorte de leur part.

En résumé :

1° La Société se constituerait un domaine à l'aide des terres basses acquises tractativement, ou à elles départies en vertu de la loi de 1807, prise telle qu'elle est ou amendée ;

2° Elle améliorerait a ses frais le domaine ainsi constitué ;

3° Son bénéfice, puisqu'il faut bien une rémunération aux capitaux engagés dans l'entreprise, serait, d'une part, la plus-value que pourrait atteindre le domaine de la Société ; d'autre part, les redevances perçues pour les arrosages qu'elle pourrait servir.

Ce programme qui ne comprend aucune partie technique, prête déjà suffisamment à la critique, et nous allons en examiner les termes un à un.

De la Satisfaction des Intérêts publics et privés

Nous avons, plus haut, examiné la plupart des projets qui ont vu le jour pour l'amélioration de la Camargue ; nous avons donné plus de développement à l'étude de celui dû à l'intelligence et à l'expérience de MM. Bernard et Perrier, et fait connaître comment on pouvait, à bon droit, malgré quelques erreurs d'appréciation, lui attribuer le mérite d'avoir ouvert la voie à la discussion sérieuse des intérêts en jeu, et d'avoir provoqué une détermination plus exacte des conditions à remplir.— La suite restreinte donnée par l'Etat lui-même à ce projet, dont l'initiative privée a poursuivi depuis quinze ans l'application, a bien donné la mesure dans laquelle pouvaient être satisfaits les intérêts publics et les intérêts privés.

La résistance opposée à l'exécution du premier projet de 1860 était inspirée par cette considération presque banale, que pour améliorer une chose il ne faut pas obliger son possesseur à dépenser en capital le double, même le triple de ce qu'elle peut valoir.

A défaut, l'application d'un pareil système est à la fois la ruine de l'intérêt privé et comme conséquence celle de l'intérêt public.

L'Administration l'a si bien compris, en 1862, qu'elle a adopté les conclusions de la Commission d'enquête, que nous avons relatées plus haut.

L'amélioration de la Camargue, telle qu'elle est présentée, ne peut que contribuer à rendre plus abondantes et plus assurées les productions agricoles ce ce territoire, et à ce titre précisément, à cause de l'augmentation des revenus privés qu'elle peut produire, elle prend un caractère éminent d'utilité publique, L'Etat a donc intérêt à prendre à sa charge les frais de premier établissement des appareils destinés à combattre, d'une manière générale, les causes naturelles d'infertilité du sol, de manière à permettre à l'initiative privée de s'exercer sans oppression ni contrainte, dans le sens que chaque particulier jugera plus conforme à ses goûts, à ses aptitudes et à ses moyens, personnels d'action.

C'est là la véritable mesure dans laquelle doivent s'entr'aider ces deux éléments, l'intérêt général et l'intérêt privé : le premier pouvant mettre en œuvre sa puissance pour enlever les obstacles qui gênerait le second, et celui-ci agissant en toute liberté pour procurer au premier les productions qui sont l'assiette de l'impôt, et font, en une certaine façon, rentrer l'Etat dans les avances qu'il a pu faire.

Mais l'un et l'autre de ces deux intérêts ne doivent point tout faire et le premier ne doit surtout, à peine de déchéance et de ruine simultanée des deux, imposer à l'intérêt privé des charges que celui-ci ne soit point en mesure de surmonter.

Aussi bien est-ce ce qui a été fait, et certes l'Etat ne peut se plaindre que ses avances et ses subventions n'aient point porté ses fruits, puisque, de toutes parts, et chacun dans la mesure de leurs forces, particuliers et syndicats semblent avoir, au cours de ces dernières années, rivalisé de zèle pour l'accroissement des revenus du territoire de Camargue.

Si les revenus se sont accrus, si, par suite, l'impôt a pu voir se développer une assiette plus régulière et une garantie plus sûre, reprochera-t-on encore, au nom de l'intérêt public, l'insalubrité de la Camargue ?

Cette insalubrité est elle plus dangereuse qu'auparavant, qu'en 1850, 1862 et les années suivantes ? Où sont les preuves de cette recrudescence ? Quelles statistiques sérieuses peut-on montrer ?

D'autre part, estime-t-on que les travaux proposés par la Société d'études rendront le pays entièrement sain ? Ne faut-il pas compter au contraire sur un accroissement des fièvres paludéennes au moment de l'exécution des travaux et pendant la période de transformation ? Ne peut-on pas encore redouter très raisonnablement que ces fièvres, qui sont devenues dans notre territoire à l'état endémique, ne revêtent à nouveau un vrai caractère épidémique ?

Il y aurait beaucoup à dire en ce sens : dans tous les cas, l'intérêt public n'y est point intéressé d'une manière si directe, si immédiate, que l'on puisse et doive aller jusqu'à forcer les propriétaires à adopter un projet d'assainissement, et à l'exécuter sous peine d'en voir la concession conférée à d'autres, au mépris de ce même intérêt privé que l'on cherche à améliorer.

Nous aurons du reste plus d'une fois, au cours de ce travail, l'occasion de revenir sur cette question de la satisfaction des intérêts publics et privés et nous passons, pour éviter des redites. Toutefois, pouvons-nous citer de suite, pour ne point l'oublier, un extrait d'un rapport, de date récente, dû à la plume de M. Gastines, chargé de Mission par M. le Ministre de l'Agriculture (1). Après avoir parlé de la composition des terres de la Camargue, des sables du littoral, de la nature du salant; M. Gastine écrit : « La Camargue « était autrefois très fiévreuse. Elle est maintenant bien améliorée sous ce « rapport ; les accidents paludéens y sont moins fréquents, et surtout moins « graves qu'autrefois. Un fléau qui n'a pas diminué, c'est celui des mous- « tiques, surtout en automne. »

Comment l'intérêt privé peut-il, du reste, être satisfait ?

Bien des propriétaires ont, depuis quinze à vingt ans, fait des sacrifices considérables pour l'amélioration de leurs terres et on viendrait, avant qu'ils en aient recueilli le moindre bénéfice, les exproprier de leurs terres !

Comment se réglera la situation des propriétaires dont l'installation est en cours d'exécution?

Pour les uns comme pour les autres, il y a des contrats signés, des engagements pris, des emprunts effectués. — En admettant même que ces charges restent inhérentes aux domaines (ce qui est la vérité), comment se pourra donc effectuer le partage de ces charges? et que feront d'une installation d'une certaine importance les propriétaires dont on expropriera seulement le tiers, la moitié des domaines?

(1) Bulletin de la Société d'Agriculture des Bouches-du-Rhône, Octobre 1897.

De la Constitution du domaine de la Société

L'une des particularités du projet qui nous occupe, c'est que la Société qui veut en poursuivre l'exécution ne se borne point à solliciter l'application pure et simple de la loi de 1807, mais que ses efforts tendent à se constituer par expropriation un domaine important, sur la possession même duquel elle base sa demande.

Quelle superficie de terrains acquerra ou devra acquérir la Société concessionnaire ?

Comment fera-t-elle ces acquisitions ?

Telles sont les deux questions sur lesquelles il est nécessaire d'être édifiés.

I

Comme le dit le programme que nous avons cité plus haut : « Toute « l'économie du projet de la Société repose sur la plus-value que devront « acquérir les terres basses, presque sans valeur aujourd'hui, qui deviendront « sa propriété, et sur l'attribution qui lui sera faite d'une part de plus-value ».

Quelle superficie acquerra la Société ?

La Camargue a une étendue de 72.000 hectares environ, répartis de de la manière suivante :

Terres incultes...........................	14.985	hectares
Pâturages ....,	30.552	»
Marais.......................................	7.880	»
Etangs	18.852	»
Total.......	72.000	hectares

De cette contenance totale..................... 72 000 hectares
il faut déduire :

L'île du Plan du Bourg qui, sépa-
rée de la Camargue par le petit-
Rhône, forme un système à part...   8.600 hectares

La zone des terrains extérieur sà
digue à la mer, placés en dehors du
bassin protégé par cette digue ......   6.500 hectares

La zone réservée aux Salines du
Badon, comprenant les étangs de
Fournelet et de la Dame...........   1.400 hectares

Enfin, les Ségonnaux ou terrains
situés en dehors des digues........   800 hectares

Soit..... 17.300 hectares   17.300 hectares

De manière qu'il reste pour le bassin susceptible d'être
amélioré.. 54.700 hectares

D'après les projets de 1850, et à la suite des études qu'ils avaient
nécessitées, il fut reconnu que cette superficie se décomposait de la
manière suivante :

1° Les terres pouvant en tout temps s'écouler et formant une
lisière étroite sur le petit Rhône, et une bande d'une largeur variable
sur le grand Rhône, déterminée par une courbe partant de la pointe de
la Camargue à 2 m. 45, et aboutissant à la mer à la cote de 1 m. 50,
et comprenant environ............................ 11.800 hectares
(Teinte rose du plan du dit projet)

2° Les terres moyennes comprises entre les terres
hautes et les marais, et consistant alors principalement
en inganues, pouvant s'écouler à la mer moyenne...   14.700 hectares
(Teinte jaune du plan)

3° Les marais occupant la zone basse, ne pouvant
pas s'écouler à la mer, la seule susceptible d'irrigation
naturelle (y compris 1.100 hectares d'étangs enclavés
dans le bassin des Saintes-Maries)...............   14.200   »

4° Le Valcarès.................................   6.200   »

5° Les étangs inférieurs........................   7.800   »

Total ..... 54.700 hectares

Comme on peut le voir par ce détail, les terres basses dont parle le programme précité comprennent au moins les marais, le Valcarès et les étangs inférieurs, formant ensemble une superficie de 28.200 hect. Si à cette quantité nous ajoutons seulement la moitié des terres moyennes n'ayant pas une très grande valeur, nous trouvons que les acquisitions de la Société pourraient atteindre 35.000 hectares environ. Au reste, la Société ne voulût-elle acquérir que 28.000 hectares, elle devrait forcément acheter en sus les emprises des canaux de dessèchement et d'irrigation qu'elle se propose d'établir pour l'amélioration même de ces 28.000 hectares de terres basses, et nous estimons que le tout pourra bien approcher du chiffre que nous venons d'indiquer.

Sans entrer dans les détails du projet, il paraît que la concession ainsi demandée ne saurait être consentie par l'Etat, que tout autant que la Compagnie qui doit exécuter les travaux sera constituée, et qu'elle justifiera même de l'acquisition d'une certaine quantité de terrains en Camargue. C'est, en effet, sur ces errements que sont accordées les concessions ; et c'est notamment ce qui a été exigé de la Compagnie du colmatage de la Crau et des marais de Fos, qui devait encourir déchéance entière, si dans un délai de deux ans elle ne pouvait produire des titres authentiques d'acquisition pour 7000 hectares de marais et 5000 hectares de terres de Crau.

II

Comment la Société compte-t-elle procéder à ces acquisitions ? C'est là une question intéressante pour les propriétaires de Camargue.

A cette demande le programme répond que les terrains sur lesquels la Compagnie établira les canaux de dessèchement seront acquis tractativement, ou bien en vertu de la loi du 16 septembre 1807, prise telle qu'elle est, ou amendée.

L'acquisition de gré à gré est de droit commun et ne peut faire l'objet d'aucune difficulté. Vendra qui voudra, qui pourra, si la Compagnie traite à des prix pouvant convenir à tels ou tels propriétaires ; tous et chacun d'eux sont entièrement libres à cet égard.

4

Mais il paraît plus difficile qu'il leur soit fait en masse application de la loi du 16 septembre 1807, et nous sommes tout naturellement conduits à nous demander comment cette loi organise la vente des domaines et propriétés en cas de dessèchement de marais, et si cette loi est applicable en l'espèce.

———

De l'Application de la Loi du 16 septembre 1807
telle qu'elle est, ou amendée

I

LA LOI DU 16 SEPTEMBRE, TELLE QU'ELLE EST

Comme nous l'avons dit déjà, la loi du 21 juin 1865 (art. 26) porte qu'à défaut de la formation d'associations syndicales libres, lorsqu'il s'agira de dessèchement de marais, la loi du 16 septembre 1807 continuera de recevoir son application.

La circulaire ministérielle du 21 août 1865 explique de la manière suivante le sens de cette disposition : « La loi nouvelle a eu pour but et aura, il faut « l'espérer, pour effet d'encourager l'initiative individuelle, de provoquer « l'esprit d'association et de faciliter ainsi l'exécution des travaux d'amélio- « ration agricole. Mais elle n'a pas entendu enlever au Gouvernement les « pouvoirs dont il est investi par la législation actuelle, à l'effet d'assurer, « quand l'utilité en a été régulièrement constatée, l'exécution par les « propriétaires intéressés de travaux, qui, à raison de leur nature spéciale « tiennent à la sécurité ou à la salubrité publique ».

Le Gouvernement peut donc prononcer la concession d'un dessè- chement de marais, conformément à la loi de 1807, si la majorité des intéressés dans les conditions déterminées par les lois de 1865-1888, refuse d'exécuter elle-même les travaux reconnus nécessaires et d'en supporter les dépenses. L'exercice de ce droit exige toujours l'intervention d'un décret délibéré en Conseil d'Etat, et ce n'est qu'en présence d'un intérêt public incontestable, que l'administration se détermine à imposer à des propriétaires l'accomplissement de travaux dont ils auraient refusé de recon- naître l'utilité ; mais, s'il l'exerce, le dessèchement ne pourra plus se faire que par l'Etat ou des concessionnaires.

Les propriétaires de Camargue qui ont déjà opposé la résistance que l'on sait aux projets de 1850, à ceux de 1862, et qui ont accepté le programme restreint de 1866 avec les développements dont il est susceptible, ne constitueront très probablement point la majorité requise pour qu'ils deviennent eux-mêmes les concessionnaires du desséchement proposé, et nous n'avons qu'à nous occuper du cas où la Société impétrante en obtiendrait la concession.

A cet égard, la loi de 1807 contient les dispositions suivantes :

« Art. 5. — Les concessions seront faites par des décrets rendus en Conseil d'Etat, sur des plans levés ou sur des plans vérifiés et approuvés par les ingénieurs des Ponts et Chaussées, aux conditions prescrites par la présente loi, aux conditions qui seront établies par les règlements généraux à intervenir, et aux charges qui seront fixées à raison des circonstances locales.

« Art. 7. — Lorsque le Gouvernement fera un desséchement, ou lorsque la concession aura été accordée, il sera formé entre les propriétaires un syndicat à l'effet de nommer les experts qui devront procéder aux estimations statuées par la présente loi. Des syndics seront nommés par le préfet ; ils seront pris parmi les propriétaires les plus imposés à raison des marais à dessécher. Les syndics seront au moins au nombre de trois et, au plus, au nombre de neuf, ce qui sera déterminé par l'acte de concession. »

La principale mission du syndicat ainsi nommé était, jadis : de désigner un expert chargé de concourir, avec celui choisi par le concessionnaire, et le tiers expert nommé par le préfet (art. 6), à la délimitation du périmètre qui devait être faite, conjointement avec les ingénieurs (art. 10), à la classification et à l'estimation des terrains avant le desséchement (art. 13), puis, après réception des travaux, à une seconde classification de concert avec les ingénieurs, et enfin à l'estimation des terrains desséchés d'après leur valeur nouvelle (art. 18).

Enfin le décret accordant la concession constituait en outre et conformément au titre X de la loi une commission spéciale qui remplissait des fonctions administratives et contentieuses, et était appelée de plus à connaître de l'estimation avant et après le desséchement, et des contestations relatives à la plus-value.

Depuis 1865, le syndicat prescrit par l'art. 7 est maintenu, mais seulement comme représentation volontaire des propriétaires intéressés, quand la concession est accordée à un soumissionnaire étranger. Ses membres (trois ou neuf) ne sont plus nommés par le préfet ; ils sont élus par les intéressés suivant les prescriptions du titre IV de la loi du 20 juin 1865. La mission de ce syndicat reste limitée à la désignation de l'expert, à la délégation d'un de ses membres pour procéder à la réception des travaux et à la préparation du règlement d'administration publique destiné à en assurer l'entretien.

Dans cet ordre d'idées, les bases de la représentation de la propriété à l'Assemblée générale pour l'élection des syndics, peuvent être proposées par les intéressés eux-mêmes, ou émaner de l'initiative du Préfet sur la proposition des ingénieurs ; mais elles devront, dans les deux cas, être soumises à l'enquête prescrite par les articles 5 et suivants du décret du 29 mars 1894. Après cette enquête, les intéressés sont convoqués en Assemblée générale par le Préfet et, s'il résulte du procès-verbal dressé par le président, que les conditions de majorité déterminées par l'article 12 de la loi de 1865 ne sont pas remplies, les bases de la représentation de la propriété seront fixées par décret.

La fixation de l'étendue, de l'espèce et de la valeur estimative des marais avant dessèchement est déterminée par les articles 9 à 15 de la loi.

Cette estimation faite, les travaux peuvent commencer. Les articles 16 à 18 se préoccupent de la situation des marais au cours des travaux et immédiatement après l'exécution de ceux-ci, et ils déterminent les conditions de la deuxième expertise.

Le titre V de la loi règle le payement des indemnités dues par les propriétaires en cas de dépossession. Si le dessèchement est exécuté par un concessionnaire, tout est réglé par l'acte même de concession : travaux à faire, délai pour l'achèvement, part proportionnelle de la plus-value obtenue. Cette proportion de la plus-value fait du reste l'objet d'une soumission qui doit être mise à l'enquête avec toutes les pièces du projet présenté par le demandeur en concession. — Les articles 21 et 22 de la loi laissent aux propriétaires la faculté de se libérer de l'indemnité par eux due au concessionnaire, soit en lui abandonnant une partie relative des terrains desséchés suivant la dernière estimation, soit en lui payant le capital équivalent, soit en constituant à son profit une rente perpétuelle calculée à raison du 4 0/0 du capital représentant sa part de plus-value.

Les articles 25 à 27 du titre VI édictent des mesures propres à conserver les terrains de dessèchement après leur exécution.

Sous son titre X, la loi de 1807 réglait l'organisation et les attributions des commissions spéciales, dont les membres, nommés par le décret qui accordait la concession, étaient au moins au moins de sept. Ces attributions étaient à la fois administratives et contentieuses. — Les premières ordinairement confiées au syndicat, quand les propriétaires exécutent eux-mêmes le desséchement, restent dans le domaine des commissions spéciales, lorsque la concession est consentie à un concessionnaire. Elles sont alors permamentes depuis le décret de concession jusqu'à la réception définitive des ouvrages, et même jusqu'à l'entretien sur le mode duquel elles sont appelées à donner leur avis. Les fonctions juridiques, au contraire, touchant les réclamations relatives à leurs propres opérations, au jury d'expropriation, au règlement des indemnités de dépossession dans l'intérieur du périmètre, ont été enlevées par l'article 26 de la loi du 21 juin 1865 aux commissions spéciales, pour être confiées au Conseil de préfecture du département, sauf recours au Conseil d'Etat.

Nous ne terminerons point cet exposé de la loi de 1807, sans signaler une de ses dispositions les plus dures pour les propriétaires, qu'elles soumettent à l'arbitraire le plus complet :

« Art. 24. — Dans le cas où le desséchement d'un marais ne pourrait
« être opéré par les moyens ci-dessus, organisés et où, soit par les obstacles
« de la nature, soit par des oppositions persévérantes des propriétaires, on
« ne pourrait parvenir au desséchement, le propriétaire ou les propriétaires
« de la totalité des marais pourront être contraints à délaisser leurs pro-
« priétés, sur estimation faite dans les formes déjà prescrites. Cette estima-
« tion sera soumise au jugement et à l'homologation d'une commission
« formée à cet effet, et la cession en sera ordonnée sur le rapport du ministre
« de l'Intérieur par un règlement d'administration publique. »

C'est, en somme, une véritable expropriation dans les formes qui viennent d'être dites.

Quelques auteurs (parmi eux, M. Picard, inspecteur général des Ponts et Chaussées, et M. Aucoc, membre de l'Institut, ancien président de section au Conseil d'Etat), enseignent que les dispositions de la loi de 1807 que nous venons de citer, ont été implicitement abrogées par la loi du 8 mars 1810, remplacée elle-même par la loi du 7 juillet 1831, qui a à son tour fait place à celle du 3 mai 1841 sur l'expropriation pour cause d'utilité publique. Il leur paraît inadmissible en effet que, depuis la suppression des commissions spéciales par la loi de 1865, les Conseils de préfecture auxquels ont été attribuées les travaux de ces commissions, aient acquis en matière de dessèchement une compétence qui ne cadre point du tout avec leurs fonctions ordinaires, et ces auteurs estiment qu'on ne saurait refuser aux particuliers dépossédés en vue d'une opération de cette nature les garanties dont on a cru devoir entourer les expropriations en général.

D'autres auteurs ont, au contraire, pensé que la loi de 1807 n'avait point été explicitement abrogée, et que, comme loi spéciale, elle continuait à être en pleine vigueur.

Le Conseil d'Etat ne s'est point prononcé sur la question qui ne lui a point été soumise ; mais il tendrait à donner raison à ce dernier système. Le projet de loi sur le régime des eaux maintient, en effet, au Gouvernement le droit de pratiquer l'expropriation, en appliquant à l'intérieur du périmètre du dessèchement le petit jury, et seulement en dehors de ce périmètre, le grand jury (1).

L'éventualité d'une expropriation est-elle à redouter pour nous ? « On « comprend, dit M. Passy, que dans le cas où la salubrité publique est trop « gravement atteinte pour laisser subsister un marais dont le dessèchement « n'offrirait aucune chance de profit pour la spéculation, le gouvernement « centralise les moyens d'action et réalise lui-même l'opération. Mais, cette « réserve mise dans la loi est d'une application tout à fait exceptionnelle, et « l'Etat n'en use que lorsque le marais appartient à des communes ou à des « sections de communes, en exécution de la loi du 28 juillet 1860. Outre « qu'elle constituerait une charge trop onéreuse pour le trésor, l'exécution

(1) Il y a entre le jury de la loi de 1841 et celui de la loi du 2 mai 1836 plusieurs différences :
L'un comprend 12 jurés, l'autre 4 seulement.
Les membres du premier sont choisis par la première chambre de la Cour d'appel sur la liste établie par le Conseil général. Les membres du second sont choisis par le Tribunal d'arrondissement.
Pour le grand jury, 16 jurés titulaires sont désignés et 4 supplémentaires ; l'expropriant et l'exproprié peuvent en récuser deux chacun. Dans le petit jury, les excuses ne sont pas admises. Enfin, pour le petit jury, le magistrat directeur peut être le juge de paix avec voix délibérative.

« par l'Etat des travaux de dessèchement pourrait emporter avec elle l'obli-
« gation pour les propriétaires de se dessaisir complètement de leurs pro-
« priétés (article 24), tandis que le but de la loi de 1807 est surtout de leur
« conserver tout ou au moins partie de leurs terrains desséchés, de manière à
« les faire bénéficier de la plus-value résultant des travaux exécutés. »

M. Picard considère l'application de l'article 24 comme une exception,
et n'en cite qu'un seul exemple à sa connaissance : celle faite par la loi du
9 août 1881, qui déclarait d'utilité le dessèchement des marais de Fos et le
colmatage de la Crau, et ordonnait que le montant des indemnités serait
fixé par le petit jury.

M. Picard ajoute (p. 300, t. IV) :

« L'article 24 cite, parmi les causes qui peuvent ainsi conduire à
« procéder ainsi par voie d'expropriation, les oppositions persévérantes des
« propriétaires. Il n'en est pas moins vrai que le gouvernement est seul juge
« du cas où il convient de recourir à cette procédure exceptionnelle, qui
« peut être fort onéreuse. La loi l'arme pour triompher des résistances des
« propriétaires, aussi bien pour l'application du système de la plus-value
« que pour celui de l'expropiation. Mais, s'il estime que par suite de l'oppo-
« sition des intéressés on se heurtera, dans le premier de ces systèmes. à
« des difficultés excessives, il a le droit de les éliminer dès le début, moyen-
« nant indemnité. »

Il nous reste à espérer qu'en présence, non point d'une opposition
systématique, mais d'une résistance raisonnée et juridique, le gouvernement
hésitera, non point seulement à mettre en œuvre l'article 24 de la loi de 1807,
mais encore à concéder le dessèchement demandé.

II

LA LOI DE 1807 AMENDÉE

Cet amendement ne pourrait être que la suite d'une nouvelle loi que
proposerait le gouvernement. Il y a lieu de penser que nos députés et
sénateurs hésiteront à troubler, par le vote de nouvelles dispositions d'exception, l'assiette de la fortune privée, et à compromettre ainsi par une fausse
interprétation de l'intérêt public les finances de l'Etat.

III

LA LOI DE 1807 EST-ELLE APPLICABLE AU TERRITOIRE DE CAMARGUE ?

La loi de 1807 organise dessèchement des marais.

« Les marais sont (d'après Dalloz), des terres abreuvées ou couvertes
« d'eaux stagnantes, soit à cause de l'absence d'écoulement des eaux, soit
« parce que les couches inférieures composées de glaise ou d'argile
« compacte s'opposent à l'infiltration. » M. Picard les définit : « terrains
« recouverts par les eaux stagnantes, qui offrent une faible profondeur, et
« dont le défaut d'écoulement est dû à la disposition naturelle des lieux. »

Nos terrains de Camargue réalisent-ils les diverses conditions de cette
définition ?

Nos marais sont-ils toujours couverts d'eaux stagnantes ? Le Valcarès
et les étangs inférieurs en communication avec lui sont-ils toujours dans
cette même situation ? Sous l'influence des vents du nord, qui règnent au
moins la moitié de l'année, ne s'évacuent-ils pas dans la mer, et si cette
évacuation n'est pas complète en certains moments, peut-on leur faire absolument le reproche de garder des eaux stagnantes ? Si, sous l'influence des
chaleurs d'été, l'évaporation augmentant, le niveau des étangs s'abaisse, ne
faut-il pas tenir compte au regard de la salubrité publique du caractère salé
qu'acquièrent les eaux ?

Deux choses capitales étaient à faire pour l'amélioration de la Camargue : d'abord, fournir aux propriétaires des moyens rapides et sûrs de se
débarrasser des eaux qui fatiguaient leurs terres, c'est-à-dire d'assécher
celles-ci à leur volonté ; et en second lieu leur offrir de conduire ou faire
conduire sur ces mêmes terres des eaux d'irrigation pour les humecter
de même à volonté.

La première de ces ressources, indispensable à la bonne agriculture de
Camargue, leur a déjà été fournie dans une mesure convenable, ainsi que
nous avons eu occasion de l'expliquer, par application du programme
restreint consacré par le décret de 1866. Cet assèchement facultatif devait

être l'acheminement certain à toutes les améliorations désirables, qui ne pouvaient s'accomplir en un seul bloc, et qui par le fait s'exécutent depuis vingt ans chacune à son heure, suivant les convenances et les ressources personnelles des propriétaires, sans contrainte ni secousses. Et parmi les améliorations, sans doute partielles, mais importantes que nous pourrions citer une à une, et qui sont la mise en œuvre des vues intelligentes et désintéressées de M. Duponchel, se rencontre justement cette irrigation facultative à l'aide de machines élévatoires, desservant des roubines syndiquées ou des exploitations particulières.

Et cet assèchement ainsi procuré par l'exécution du décret de 1866 doit être considéré comme un double bienfait, non seulement au point de vue agricole, mais même au point de vue de la salubrité publique.

Autrefois, en effet, par suite de la nécessité à laquelle on était réduit d'attendre de l'évaporation seule l'assèchement des marais, l'eau qui les couvrait, échauffée par les chaleurs de l'été, précipitait la décomposition des matières végétales et organiques qu'elle contenait, et en faisait une cause d'insalubrité.

La situation n'est plus la même aujourd'hui. Desservis par de larges moyens d'écoulement, les propriétaires de marais peuvent même, à l'aide de simples roubines d'arrosage naturel, les inonder et les dessécher à volonté. Tout le monde sait que cette pratique permet d'obtenir des résultats plus beaux, plus abondants; elle donne aux propriétaires la faculté même d'en régler pour ainsi dire la production et l'exploitation à leur convenance; enfin elle supprime les causes d'insalubrité dont nous venons de parler, en ne laissant point à la décomposition des matières végétales et organiques le temps de s'accomplir.

L'assèchement, tel qu'il a été compris et pratiqué aujourd'hui, a déjà facilité et continuera de faciliter les parties les plus élevées de l'île, qui, désormais à l'abri de toutes submersions, seront plus aptes à recevoir les soins des cultivateurs, à devenir l'assiette d'exploitations variées, et peuvent entrer dans la classe des terres soumises à une culture régulière.

Ce sont là les véritables améliorations ; et, chose remarquable, les travaux qui ont été exécutés en vue d'atteindre ce premier but, n'ont point constitué un régime nouveau. C'est le système qui régissait autrefois la Camargue, mais mieux aménagé, plus assuré d'une part par la digue à la mer, d'autre part par l'élargissement et l'appronfondissement des canaux de vuidange.

Par contre, le dessèchement proprement dit, qui tendrait non seulement à régler le régime des eaux, mais encore à amener la Camargue tout entière à un état tel qu'elle puisse être totalement livrée à une culture réglée, ne peut paraître que d'une réalisation fort douteuse. En attendant une métamorphose de leurs domaines, qui pourrait bien ne pas se produire, les propriétaires exposés aux aléas d'une opération longue et délicate se verraient tout d'abord privés de la majeure partie de leurs revenus. Loin d'être un pas en avant, l'assèchement complet constituerait pour notre territoire un vrai mouvement de recul. Quelque opinion que l'on puisse avoir sur la méthode qui dirige l'agriculture en Camargue, il n'en est pas moins vrai que pour obtenir telle ou telle production dans telles ou telles autres conditions, certaines règles sont à observer, et qu'il y a lieu de demander le concours de plusieurs éléments de culture qui constituent un véritable système. Le dessèchement anéantirait d'abord, d'un seul coup, et sans le remplacer par rien l'une des matières les plus précieuses, et l'une des ressources les plus indispensables pour l'exploitation de nos domaines : nous voulons dire les litières à mettre sous les pieds du bétail, les roseaux destinés à produire les fumiers nécessaires à l'engrais et à l'ameublissement du sol, comme aussi à procurer les couvertures ou paillis, sans lesquelles les terres imprégnées de sel peuvent demeurer improductives.

Par le fait même de cette régularité de leur exploitation, de cette faculté alternative d'irrigation et d'écoulage, nos marais ne sont-ils pas une partie de nos cultures ? et peuvent-ils paraître susceptibles de permettre au gouvernement de nous appliquer la loi de 1807 ?

S'il en était ainsi, ne pourrait-on point reprocher à l'Etat d'avoir bien peu pris soin depuis longues années, et de notre agriculture, et de notre salubrité ? Pourquoi les projets de 1850, celui de 1862 ne nous ont-ils pas été imposés plus tôt au nom de cet intérêt public que l'on invoque aujourd'hui ?

IV

DES EXEMPLES D'APPLICATION DE LA LOI DE 1807

Au reste, combien de fois la loi de 1807 a-t-elle été appliquée ?

L'exposé des motifs de cette loi évaluait les marais existant en France à 5.000.000 d'hectares; dans ce chiffre était comprise une grande quantité de terres insalubres, puisque les dessèchements n'ont porté que 6.000 hectares environ.

Voici, du reste, les divers principaux décrets rendus en pareille matière :

Le 25 avril 1808, pour les marais de Bordeaux et de Bruges.

Le 15 février 1891, pour ceux de Saint-Simon, arrondissement de Blaye (Gironde).

Le 25 mai 1811 ,pour les marais de l'Authie, département de la Somme, concédés à la dame de l'Aubépin (38 héritiers ou ayants cause).

Le 28 septembre suivant, pour les terrains marécageux situés sur la rivière de la Souche (Aisne).

Le 12 janvier 1813, pour les marais de Blanquefort (Gironde).

Le 1er mars de la même année, pour le dessèchement du marais de la Dive (Calvados).

Le 21 février 1814, pour les marais des Flamands, commune de Parampuyre, arrondissement de Bordeaux.

Les 2-25 juillet 1817, pour les marais de Donges département de la Loire-Inférieure.

Le 11 janvier 1831, pour les marais de la Haute Perche (même département).

Le 20 janvier 1855, pour les marais de Naville (Nord).

Le 31 août 1858, pour les marais de la Haute Deule (Nord).

D'autres applications de la loi furent faites pour les marais de Bourgoin (Isère), pour ceux de la Scarpe (Pas-de-Calais), des Watringues.

La loi du 21 juillet 1856 organisa dans des conditions spéciales la licitation des droits fonciers indivis entre plusieurs sur les étangs de la Dombe et de la Bresse, en chargeant l'adjudicataire de faire le desséchement de ces marais, qui s'imposait par mesure de salubrité publique. Pour hâter cette opération, le Ministre de l'agriculture traita avec une Compagnie pour le desséchement et la mise en valeur de 6.000 hectares, à la condition par elle de devenir dans un délai convenu acquéreur de tous les étangs et de les transformer en prairies, bois ou terres arables. La loi du 7 avril 1863 approuva cette convention.

Une loi du 28 juillet 1860 porte que les marais et terres incultes appartenant à des communes dont la valeur aura été reconnue utile seront desséchés, assainis et rendus propres à la culture.

Tels sont les compléments de la législation sur le desséchement des marais.

A cette loi de 1860 précitée est annexé un tableau relevé par l'administration des Contributions directes des contenances en marais ; à ce moment il est constaté qu'il y a en France seulement 185.660 hectares de marais, dont 6.061 à l'Etat, 58.383 hectares aux communes, et 122.015 hectares aux particuliers Dans ces sommes, le département des Bouches-du-Rhône figure pour 2 hectares 85 ares à l'Etat ; 755 hectares aux communes et 14.500 hectares aux particuliers. Comme on peut le voir, cela représente à peine la contenance des étangs inférieurs, du Valcarès, et de ceux de la commune des Saintes-Maries.

Enfin, une concession a été consentie à la Compagnie du Colmatage de la Crau et du desséchement des marais de Fos, dans des conditions particulières qui se rattachent cependant à notre sujet.

Aucune de ces applications ne peut être comparée à celle que l'on aurait le projet de faire à la Camargue, dont l'amélioration est déjà entreprise suivant un thème donné, défini, qu'il serait imprudent d'abandonner, alors qu'il a déjà commencé à donner des résultats.

Comme le dit M. Picard : « Le chiffre de 60.000 hectares desséchés en « vertu de la loi de 1807 montre bien que cette loi n'a pas été sans effica-« cité. Il faut remarquer *toutefois* que la moitié de cette surface se compose « de terrains bourbeux, dont le desséchement a eu surtout un *caractère* « *industriel. Au point de vue agricole*, l'application de cette loi se heurte « à une difficulté considérable ; l'évaluation de la plus-value des terrains, « faite immédiatement après le desséchement, et avant que la mise en cul-

« ture ait permis d'apprécier le rendement nouveau de ces terrains, présente
« un grand caractère d'incertitude. »

Aussi la loi de 1807 n'a-t-elle reçu depuis 1830 surtout, qu'un nombre
d'applications de plus en plus restreint ; une Compagnie générale de dessèchement créée à cette époque chercha par des traités amiables à mettre de
nouveau en œuvre cette loi, mais sans résultats appréciables. La loi de 1865
sur les Associations syndicales, qui a prévu sous le paragraphe 3 de son
article premier le cas du desséchement des marais, n'a été appliquée qu'à
quelques milliers d'hectares, et M. Picard ne se dissimule pas combien la
distinction devient difficile et délicate entre les diverses questions de dessèchement de marais, de suppression d'étangs, et d'assainissement de terrains
seulement humides.

Nous avons déjà dit combien peu d'applications avait réunies la loi de
1807, surtout depuis 1860, à tel point qu'elle était considérée même avant
cette époque comme lettre morte, précieuse du reste (selon le bon mot
d'un inspecteur général des Ponts et Chaussées), parce qu'on y trouve un
arsenal complet, tout ce qu'elle dit et ne dit point.

Qu'il nous soit permis de citer à cet égard, comme autorité en cette matière,
ce qu'en a dit M. Delacroix, ingénieur des Ponts et Chaussées dans son rapport
sur le défrichement des terrains incultes de la Compagnie Belge, rapport
dont l'administration des travaux publics a pour ainsi dire approuvé les
idées en ordonnant qu'il fût édité par l'Imprimerie Nationale aux frais de
l'Etat.

« A notre avis, la loi de 1807, si on voulait l'appliquer à la construction
« de grands travaux publics par l'Etat, devrait entraîner forcément la répul-
« sion des propriétaires qu'on appellerait à contribuer pour partie de la plus-
« value par eux obtenue : et les deux motifs principaux de cette répulsion
« seraient, d'un côté, la faible part d'initiative et le peu de garanties offertes
« aux intéressés, et, d'autre part, les difficultés grandes, pour ne pas dire
« l'impossibilité d'une estimation qui satisfasse chacun.

« Nous n'insisterons pas en montrant combien est pénible et lent le
« mécanisme de cette loi, quel abus elle fait de la centralisation, et combien
« elle est compliquée dans sa marche ; mais il suffit de voir, dans les ques-
« tions de desséchement pour lesquelles elle a été spécialement faite, quelle

« quantité d'hommes, ingénieurs, préfet, concessionnaires, syndics, experts,
« commissaires, propriétaires, médecins et agriculteurs doivent s'occuper
« successivement de la question, Il suffit de songer aux allers et retours des
« dossiers, aux renvois par défaut d'instruction des affaires, aux maladies
« des uns, à la mauvaise volonté des autres, au nombre infini de ressorts
« qu'il faut faire jouer au milieu d'une opposition constante, pour se rendre
« compte de cette complication.

« Toutefois, nous le répetons, ce n'est pas là le moindre défaut de la loi.
« Ce n'est pas à cela qu'il faudrait attribuer les difficultés graves rencontrées
« dans les applications qui ont été tentées en France. Les annales du Conseil
« d'Etat font foi des procès nombreux, engagés sur cette question. Nous ne
« croyons pas qu'il y ait une seule concession de dessèchemement qui ait
« été à l'abri de ces contestations ; souvent elles ont été suivies de révoltes,
« de menaces de mort.

« Dans certains cas, de telles entreprises ont eu pour conséquence la
« ruine des concessionnaires et celle des propriétaires. Les travaux aban-
« donnés, le retour des baux à l'ancien état, témoignaient du triste résultat
« produit, et notons que les cas rares de réussite totale ou partielle sont dus
« à ce que les concessionnaires, sortant de leur acte de concession, ont
« traité de gré à gré avec les propriétaires, ou, pour en revenir à ce que nous
« avons dit plus haut, que ceux-ci ont eu leur *libre arbitre* dans l'apprécia-
« tion et de la plus-value et de la quote part qu'il leur parait juste d'aban-
« donner et du mode de libération.

« A l'appui de ce que nous venons de dire, on nous permettra de citer
« les paroles prononcées par M. Molé à la Chambre des pairs, lors de la dis-
« cussion de l'article qui est devenu l'article 50 de la loi de 1833, et qui intro-
« duit ce principe de la plus-value. M. Molé était directeur général des Ponts
« et Chaussées sous l'Empire, et sa parole doit être d'une puissante autorité
« lorsqu'il s'agit d'apprécier l'influence de la loi de 1807. Il disait en 1833
« (13 mai 1833, *Moniteur*) :

« On propose d'introduire le principe le plus odieux, le plus terrible qui
« puisse être écrit dans une loi de ce genre. Car remarquez que la conséquence
« nécessaire de l'article en discussion, serait de demander la plus-value
« à tous les propriétaires dont les propriétés auraient profité de l'entreprise.
« Permettez-moi de citer l'expérience que j'ai faite de la loi de 1807. Ce

« principe de la plus-value fut établi en 1807, surtout à cause des dessèche-
« ments, dans le cas où il y avait justice réelle à l'introduire. Eh bien! dans
« l'application, elle a été presque impossible : sous ce gouvernement si fort,
« j'ai vu des populations entières se soulever, ou du moins sur le point de
« se soulever (car on n'allait pas jusqu'à le faire), à cause de la plus-value
« qu'on voulait exiger.

  « Dans l'origine, l'Empereur avait fondé sur cette plus-value de grandes
« espérances. Il voulait que le montant en fût versé dans une caisse spéciale
« qui devait appliquer ces fonds à d'autres dessèchements ; il fut obligé d'y
« renoncer, parce que le mécontentement devint tel, qu'il sentit que la résis-
« tance serait insurmontable. »

  A ces considérations tirées de la nature des lieux auxquels on prétendait
pouvoir appliquer la loi de 1807 et des petits nombres d'applications qui en
ont été faites, surtout depuis trente-cinq ou quarante ans, on ne peut manquer d'opposer : d'abord que la loi de 1865 sur les associations syndicales a
d'abord inscrit le dessèchement des marais sous le paragraphe 3 de son
article premier, comme faisant partie des travaux dont l'exécution et l'entretien peuvent faire l'objet d'une association syndicale : et en second lieu que
cette même loi contient la disposition suivante (art. 26): « La loi de 1807 et
« celle du 14 floréal an XI continueront à recevoir leur exécution, à défaut
« de formation d'associations syndicales libres ou autorisées lorsqu'il s'agira
« de travaux spécifiés aux nos 1, 2, 3, de l'article premier de la présente loi. »

  Nous pouvons répondre que, lors de la présentation du projet de loi de
1865, le gouvernement n'avait pas compris dans l'article premier les travaux
des dessèchements de marais, qu'il entendait laisser sous l'application de la
loi de 1807. Sur la demande de M. Guillaumin, ces travaux ont été classés
dans la nomenclature de ceux pour l'exécution desquels pouvaient être for-
mées des associations syndicales. Comme cette mesure n'avait point été
préméditée, la combinaison de la législation antérieure avec les dispositions
de la loi de 1865 ne laisse pas que de présenter certaines difficultés. Celles-
ci ne se produisent pas trop souvent en pratique ; mais la loi de 1807 n'a
gagné, à ce rappel dans celle de 1865, aucun regain de vitalité, et elle continue, comme nous l'avons déjà dit, à n'être que rarement appliquée.

V

IL N'Y A PAS LIEU EN CAMARGUE A DESSÈCHEMENT, MAIS A AMÉLIORATION AGRICOLE

Ce n'est du reste point d'un dessèchement qu'il peut être question en Camargue, mais d'un meilleur aménagement de la propriété, en vue de l'accroissement des produits agricoles. C'est sur ces bases qu'ont été conçues tous les projets antérieurement produits, et qui ont eu quelque chance de succès. Que si, cependant, l'application de la loi de 1807 a un moment trouvé place dans les projets de MM. Bernard et Perrier, elle a soulevé de la part des propriétaires une telle résistance, et on peut même dire une telle indignation, que l'Administration, toute-puissante cependant quand elle veut, a dû s'arrêter dans la voie qu'elle avait embrassée, pour revenir à des idées conciliant à la fois, d'une manière plus sûre, les intérêts généraux et les intérêts privés.

Il y a mieux, un dessèchement, dans le sens réel du mot, et la mise en culture qui doit en être la conséquence forcée sont impossibles.

Pour qu'en effet un dessèchement puisse être considéré comme accompli, il ne faut pas seulement que la surface du marais soit mise à sec et asséchée pendant un temps plus ou moins long ; il ne suffit même pas qu'étant asséchée, elle ne soit plus exposée à être recouverte par les eaux. Il faut surtout que la nappe d'eau inférieure et intérieure soit abaissée au-dessous de la surface du sol d'une quantité suffisante pour permettre aux plantes de végéter et de croître. A défaut de cette condition, un terrain ne saurait jamais être mis en culture avec sécurité, et on ne pourrait songer raisonnablement à y essayer de la luzerne, des céréales ou autres plantes dont les racines peuvent périr par le contact continuel de l'eau. Dans une expertise ayant pour but de fixer les contributions de telle ou telle parcelle à l'entretien de l'œuvre de dessèchement des marais des Baux, les experts ont dû, dans leur rapport, tenir compte de cet élément d'appréciation.

Il en est tellement ainsi que, dans tous les projets d'amélioration de la Camargue, comme dans celui qui nous est présenté, on a dû toujours prévoir le fonctionnement de machines élévatoires puissantes destinées à procurer précisément cet abaissement du plan d'eau intérieur.

Or, cet abaissement, sur de grands espaces, est vraiment difficile, pour ne pas dire impossible, à procurer de manière à permettre la mise en culture, même pour les terres basses. Et dessécher sans pouvoir mettre en culture est une opération coûteuse, ruineuse même, sans résultats prochains; mieux vaut infiniment laisser les choses en l'état, surtout si la question de salubrité publique n'est pas sérieusement engagée.

VI

DU DESSALEMENT

Et encore la question du dessalement mérite d'être signalée et elle contribue à rendre plus difficile encore l'exécution du desséchement véritable avec mise en culture à la suite.

« Cette question du sel, dit M. Duponchel, spéciale à nos climats méri-
« dionaux, est une question, qui, en fait de desséchement, doit tout dominer
« et dont l'étude doit primer toutes les autres. Nous croyons donc devoir la
« traiter en premier lieu. Car à quoi servirait de dessécher à grands frais de
« nouvelles surfaces, si les terrains ainsi obtenus devaient rester improduc-
« tifs, comme ceux que nous possédons déjà en trop grand nombre sur nos
« plages, si nous ne nous étions assurés d'avance des moyens de remédier
« à cette cause persistante de stérilité ?

« Tous les terrains qui se sont trouvés à une époque, même très recu-
« lée, en contact avec la mer, restent imprégnés de sel marin qui, suivant
« les conditions atmosphériques, produit des effets très différents. »

Après avoir expliqué qu'à la différence de ce qui se passe dans les climats humides et brumeux du Nord, qui favorisent la dissolution constante du sel et son infiltration dans le sous-sol, M. Duponchel parle du phénomène de la capillarité que nous voyons se produire chaque jour dans notre région plus sèche, où l'évaporation naturelle est toujours supérieure à la quantité d'eau pluviale et il ajoute :

« Avant de mettre en culture un terrain desséché il est donc nécessaire
« de le dessaler; mais cette opération présente des difficultés qu'on n'a jamais

« pu surmonter jusqu'ici d'une manière complète. Et, d'ailleurs, il ne
« suffirait donc pas de dessécher un de nos marais du littoral pour le mettre
« en culture. Tant qu'on ne sera pas parvenu à le dessaler entièrement, on
« n'aura obtenu qu'un résultat à peu près nul. »

Et c'est à ce moment que M. Duponchel expose que des essais tentés,
quoique d'une manière fort incomplète, sur quelque points de la Camargue
l'ont mis sur la voie d'un procédé qui, appliqué d'une manière convenable,
doit donner un succès infaillible ; il veut parler du drainage des marais.

On peut juger par les dépenses que plusieurs propriétaires ont exécutés sur plusieurs terres de leurs domaines ce que coûterait le drainage du
Valcarès ou des étangs inférieurs. M. Duponchel l'évaluait en moyenne à
300 francs par hectare, et peut-être même faudrait-il en Camargue porter le
prix à 400 francs au moins.

Le remède, comme on le voit, est héroïque ; d'autant que les applications faites par M. Duponchel lui-même sur les marais de Vic (dans l'Hérault)
et de Tourneville (dans l'Aude) n'ont donné aucun résultat satisfaisant et
surtout concluant.

VII

DE LA QUESTION DE SALUBRITÉ

Ajoutons que si, au point de vue agricole, le desséchement ne paraît pas
pratique, il ne le sera guère mieux au regard sanitaire.

Après les explications que nous venons de fournir, comment invoquer,
en effet, surtout la salubrité publique ? Mais c'est précisément à la détruire
que conduirait le projet, comme ceux qui, du reste, gardaient le Valcarès
comme récipient de l'île sans évacuation, et encore moins qu'eux, par raison
de la suppression de cette cuvette naturelle.

MM. les ingénieurs Perrier et Bernard qui, dans leur projet, laissaient
le Valcarès à ses fonctions naturelles, ne reconnaissaient que trop les cala-
mités qui s'attachent aux populations avoisinant les étangs d'eau saumâtre,
et ils proposaient d'atténuer cet état déplorable en *autorisant les compa-
gnies salinières à remplacer dans le Valcarès les eaux saumâtres par
des eaux salées.*

Que sera-ce si le dessèchement entamé ne peut pas être mené à bonne fin ? Comme résultat sanitaire, on gagnera pour le sol des étangs un foyer d'insalubrité considérable, et toute une série de petits foyers épars dangereux à certaines époques.

Le fait est cependant indivisible ; on ne peut pas, pour le dessèchement, se prévaloir de la salubrité, et ne pas en tenir compte pour ses conséquences ; faire du Valcarès et des étangs inférieurs un foyer d'infection, et s'armer de la loi de 1807, sous prétexte que le dessèchement et l'introduction des eaux douces dans ces étangs modifiera la santé publique, sont deux choses en opposition formelle.

Ce ne serait donc que par un excès d'autorité funeste que l'on voudrait invoquer l'application de la loi de 1807.

VIII

DES AUTRES OBSTACLES AU DESSÈCHEMENT ET A LA MISE EN CULTURE IMMÉDIATE

Il ne manquera point encore d'obstacles s'opposant d'eux-mêmes à la réalisation d'un projet de dessèchement tel que celui qui est présenté.

Le manque de bras pour la culture. — L'un des rapports soumis à l'enquête de 1862 établissait que la population de la Camargue comprenait 4907 habitants, ainsi répartis à cette époque :

Faubourg de Trinquetaille (dépendance d'Arles)..... .... 1.524
Dans le village des Saintes-Maries.......................... 545

    Total de la population agglomérée................. 2.069

Dans l'île, sur divers points de la commune d'Arles............. 2.300
Sur divers points de celle des Saintes-Maries.................. 538

    Total de la population éparse...... .... 2.838

En retranchant la population de Trinquetaille, qui est une dépendance de la ville, l'on ne trouve que 3383 habitants, c'est-à-dire 4,7 dixièmes par kilomètre carré, alors que la densité moyenne de la population était, en

1876, par exemple, de 109 habitants par kilomètre carré pour le département des Bouches-du-Rhône, de 73 pour le Gard, de 72 pour Vaucluse, de 70 pour la France entière.

Nous dirons tout à l'heure ce qui s'est produit à cet égard pour les marais de Beaucaire. Mais, depuis soixante ans que le dessèchement de la vallée d'Arles par le canal de navigation de Bouc a ramené au soleil des terrains excellents, propres à toutes les cultures, élevés de près de trois mètres au-dessus du niveau de la mer, combien de fermes ont été créées ?

L'insuffisance des voies de communication et les distances. — Pour amener des bras sur des terrains incultes que l'on veut mettre en culture, le moyen le plus puissant, dont disposent les administrations, est le développement des voies de communication. Il est certain que la vicinalité a fait à cet égard d'immenses sacrifices depuis vingt ans et qu'elle est parvenue à doter la Camargue d'un réseau de viabilité bien plus satisfaisant que par le passé. Mais combien les communications peuvent encore, entre deux points, être difficiles, et si l'on considère combien sont importants les transports dans l'agriculture. Comment la Compagnie concessionnaire arrivera-t-elle à créer son exploitation ?

Le manque d'engrais se fera aussi sentir ; il sera la conséquence forcée de la disparition des marais, de la suppression des litières, de la diminution des pâturages et du moins grand nombre de bêtes à laine, qui en est la conséquence forcée.

On aura bien recours aux engrais chimiques, mais l'expérience nous a appris à apprécier les avantages des litières pour ameublir le sol parfois compact de la Camargue.

Enfin, on accusera certainement *les propriétaires de Camargue de se renfermer dans ce qu'on peut appeler la routine, le refus des innovations* et le défaut de confiance dans les applications de méthodes nouvelles d'agriculture.

Ces reproches ne sont point mérités. Déjà en 1850 et en 1860, à l'époque où se produisirent les projets dont nous avons parlé, les juges les plus compétents en agriculture s'accordaient à dire qu'en l'état de la situation de la Camargue, des conditions impérieuses du sol et du climat, du prix de la main d'œuvre et du chiffre de la population, en présence des ressources dont ils disposaient et des difficultés qu'ils avaient à surmonter, les propriétaires tiraient de leurs terres tout le parti possible. C'était notamment l'avis du savant collaborateur de feu M. Mathieu de Dombasle, M. Moll, professeur d'agriculture à la Faculté de Paris, après une minutieuse exploration qu'il fit de nos fermes et exploitations.

La Commission d'enquête de 1850 défendait, avec juste raison, ses compatriotes de cette injuste accusation de routine et d'indifférence systématique, en faisant remarquer que la population de Camargue n'avait jamais reculé devant aucun sacrifice pour résister aux fléaux conjurés contre elle, et la preuve s'en rencontrait facilement dans la réfection et l'entretien de 102 kilomètres de digues insubmersibles, celui encore de 48 roubines et de 19 à 20 canaux d'écoulage.

Et depuis que le décret de 1866 a été mis en exécution pour l'amélioration des écoulages, quelle partie de la Camargue n'a pas donné le spectacle d'un progrès marqué dans chacune des exploitations ainsi que nous le rappelons plus haut !

Des Dessèchements pratiqués dans nos régions

Rien n'est, du reste, bon à consulter comme l'exemple, et nous nous garderions bien de terminer ce que nous avons à dire sur le dessèchement, sans parler du syndicat des vuidanges, de celui de la vallée des Baux et des travaux de dessèchement de la Compagnie du Canal de Beaucaire.

I

L'Association des Vuidanges d'Arles existe depuis bien longtemps; ses titres anciens sont l'autorisation donnée à la ville d'Arles par le roi René le 16 février 1458, le contrat du 31 décembre 1542, la transaction du 19 octobre 1619, et le traité du 16 juillet 1642 avec l'ingénieur hollandais Van Ens.

Après bien des abus et des négligences, l'œuvre de Van Ens fut complètement abandonnée et ruinée pendant les troubles de la révolution française, et le marais envahit de nouveau, jusqu'aux portes d'Arles, la plus grande partie du territoire primitivement desséché. Un rapport de M. l'Ingénieur en chef Bondon, à la date du 30 ventôse an IX, décrivait cette lamentable situation et proposait en outre de divers travaux le complément du dessèchement par le creusement du Canal d'Arles à Bouc.

Les choses demeurèrent cependant en l'état, au point qu'au cours de l'An XIII la Compagnie demanda, par application de la loi du 7 janvier 1791, que le dessèchement lui fût concédé à titre d'œuvre complètement nouvelle. Cette demande engagea l'Association des vuidanges à prendre de suite certaines résolutions, dont l'effet le plus immédiat fut de faire rejeter le projet présenté.

La réfection complète du dessèchement eût exigé de la part de l'Association des dépenses d'autant plus importantes et lourdes qu'elle était déjà obérée. Elle ne put donc rien faire, et la renaissance complète de l'œuvre entreprise ne date que de l'achèvement du Canal de navigation d'Arles à Bouc, destiné à recevoir les eaux de l'Association, dont il avait besoin pour son alimentation. Réorganisée, comme toutes les associations territoriales d'Arles, par le décret du 4 prairial an XIII, l'Association des Vuidanges fut soumise aux règlements spéciaux que nécessitait sa situation, par le décret du 13 juillet 1851, qui vise nommément la loi de 1807.

Ce décret maintient le corps des Vuidanges ou dessèchement des marais d'Arles, pour l'entretien et l'amélioration de l'œuvre de Van-Ens avec les modifications résultant des causes énoncées dans l'ordonnance du 29 mai 1827, et dans le traité passé le 9 juin 1839 avec la Compagnie de la vallée des Baux.

Il ne peut être douteux, que l'Administration ne soit compétente, aux termes de l'article 26 de la loi de 1807, non seulement pour surveiller d'une manière générale la situation de l'œuvre, mais encore pour mettre les ayants charge en demeure d'entretenir leurs travaux. (C. E., 10 février 1843). Bien qu'armée de ce droit, l'Administration a-t-elle jamais poussé les exigences au point de pousser à un dessèchement complet ? L'amélioration agricole d'une part, la salubrité de l'autre, n'étaient-elles pas, et ne sont-elles pas encore aujourd'hui intéressées à ce sujet ?

Quelle différence trouve-t-on sincèrement entre les marais du plan du Bourg et ceux de la Camargue ? A tout prendre, ces derniers peuvent jouir d'une facilité d'évacuation plus large, plus abondante, et les eaux, pour parvenir soit au Valcarès, soit à la mer n'ont point à franchir un espace relativement étroit, comme le Canal de Bouc, ou le passage du Galégeon.

Cependant, que de marais ne persistent point dans le plan du Bourg ! heureusement, sans nul doute, pour leurs propriétaires qui y trouvent avec peu de frais les sources d'un revenu constant et avantageux.

Quel intérêt supérieur se rencontrerait donc de traiter les marais de Camargue plus sévèrement que ceux du plan du Bourg ? Pourquoi les propriétaires d'un quartier devraient-ils abandonner une culture, un élément d'exploitation qui serait maintenu à ceux d'un territoire voisin ? Comment invoquer contre ceux-ci l'application plus rigoureuse d'une loi d'exception, qu'on ne pousse point ailleurs dans ses extrêmes conséquences ?

II

Le dessèchement des marais de la vallée des Baux a été poursuivie par application de la loi de 1807.

Voici la description qu'en faisait en 1835 M. Poulle, ingénieur, qui allait en entreprendre le dessèchement :

« Les marais des Baux, dit M. Poulle, sont commandés par une surface, « suivant le cadastre, de 24,466 hectares dont eux-mêmes occupant 1825 « hectares, y compris les étangs d'une contenance ensemble de 313 hectares. « Ils sont à peu près constamment inondés. Dans les années de la plus « grande sécheresse, les eaux y flottent encore à fleur de sol, ou du moins « très peu au-dessous. Quoique, en l'état, ils ne se couvrent que de joncs, « de roseaux et d'autres plantes aquatiques, ils présentent une terre végétale « de qualité d'autant meilleure qu'elle est le résultat du lavage d'une très « grande superficie de terres cultes et incultes, mêlé au détritus des animaux « et des végétaux nourris sur le sol même. Ils donnent quelque revenu par « la ferme de la pêche dans l'étang du Comte, dans les lagunes et dans les « sillons ou fossés, que tracent dans les terrains bourbeux les barques qui « les fréquentent. Ceux qui font partie des communes d'Arles et de Font- « vieille sont aussi de quelque rapport par les herbages ; mais, dans les « communes de Paradou, Maussane, Mouriès, toute la végétation naturelle « dans les marécages est soumise à la libre jouissance des habitants par un « droit fort ancien, dont l'extinction n'aura lieu que lorsque les marécages « eux-mêmes seront livrés à la culture. »

Jusqu'au XIXᵉ siècle, plusieurs tentatives de dessèchement étaient demeurées improductives par suite de circonstances inutiles à rappeler ici. Une première demande de concession fut présentée en 1817 par une Compagnie financière, qui, sous le nom de M. le comte de la Farre, sollicitait l'exécution du Canal d'Arles à Bouc, le rétablissement de l'œuvre de Van-Ens, et le dessèchement des marais de la vallée de Baux. Elle ne rencontra aucune sympathie, et fut rejetée.

En 1827, l'achèvement du Canal d'Arles à Bouc, les merveilleux avantages qu'en retirait l'Association des Vuidanges, attirèrent l'attention de M. Querry, ingénieur civil à Nîmes, sur les marais de la vallée des Baux. Il présenta sa demande en concession de dessèchement, qui était même patronnée par l'Administration, et fut soumise aux enquêtes règlementaires le 3 juin 1836. A ce moment, les propriétaires de la vallée des Baux réunis en association se présentèrent eux-mêmes pour exécuter l'opération ; ils réclamèrent la préférence que leur accordait la loi de 1807, et devinrent concessionnaires.

Le pétitionnaire dont nous avons parlé aurait rencontré pour mener à fin son entreprise des difficultés considérables. La réussite des propriétaires concessionnaires tient pour beaucoup à ce qu'ils s'étaient assuré d'avance, par une transaction passée avec le Syndicat des Vuidanges, le libre passage de leurs eaux à travers la vallée d'Arles pour rejoindre le Canal d'Arles à Bouc.

L'exécution des travaux commença en 1843, et se termina en 1850. La contenance totale comprise dans le périmètre de classement fut arrêtée par l'expertise à 1759 hectares 59 ares 95 centiares.

Le rapport des experts pour la répartition des charges de l'association d'entretien, divisa les terrains desséchés de la manière suivante :

Classes au-dessus du niveau de la mer

1re classe	de 3m20	145 hectares	85	68
2me »	de 2m40 à 3m20	143 »	14	91
3me »	de 2m60 à 2m90	167 »	19	35
4me »	de 2m30 à 2m60	390 »	57	91
5me »	de 2m » à 2m30	422 »	44	36
6me »	de 1m70 à 2m »	214 »	55	69
7me »	de 1m70 et au-dessus	275 »	82	05

TOTAL............ 1759 hectares 89 95

Dans cette contenance, 709 hectares appartenaient indivisément aux communes des Baux, Paradou, Mouriès et Maussane. Une commission fut établie par arrêté préfectoral du 29 juillet 1851, pour procéder à la répartition de ces 709 hectares de marais entre les communes d'abord, et en second lieu entre les habitants ayant pétitionné pour en faire l'exploitation.

Cette opération donna les résultats suivants :

	Contenances totales	Demandes d'exploitation	Cont⁰ᵉ moyenne décomposée
MAUSSANE	245 h. 73	273	90 a.
MOURIÈS	237 »	474	50
BARADOU	102 47	179	57 25
LES BAUX	64 »	111	57 25

649 h. 20   1.038 demandes.

Clars   66   improductifs.

709 h.

Les auteurs du rapport que nous avons déjà cité apprécièrent l'opération du dessèchement de la manière suivante :

« Déterminée d'après les bases de l'expertise, la valeur des terrains,
« après le dessèchement se trouva portée à la somme de 2.889.190 francs 49.
« Si l'on veut bien se souvenir du chiffre que nous avons donné plus haut
« comme exprimant la valeur légale de l'ancien marais (252.985 francs 92);
« on verra que la plus-value produite par l'opération était en nombre rond de
« deux millions six cent mille francs (2.600.000 francs). Aux termes de l'acte
« de concession, les quatre cinquièmes de la plus-value, soit 2.108.960 francs
« 77, revenait aux concessionnaires, comme prix du dessèchement. La
« dépense, qui avait été préalablement fixée à 1.200.000 francs, a atteint le
« chiffre de 2.000.000 francs ; l'opération n'a donc presque pas donné de
« bénéfices aux dessicateurs. Mais que de peines et de soins il a fallu pren-
« dre pour arriver à ce résultat ! La société du dessèchement eut la bonne
« chance de voir l'un de ses membres se dévouer à cette rude tâche, et
« prendre en mains la direction de l'entreprise avec une rare intelligence et
« une infatigable activité. Pour qui a vu les choses de près, c'est là avant
« tout que se trouve le secret du succès de l'entreprise, et il est au moins
« douteux qu'elle eût été ainsi conduite, aussi vite et aussi heureusement
« terminée par un directeur aux appointements choisi en dehors de la
« Société ».

« Nous avons parlé de la plus-value attribuée aux dessicateurs : les
« propriétaires eurent aussi la leur, même en dehors de leur participation
« au dessèchement. Un cinquième leur revenait sur la plus-value, ils

« obtenaient ensemble, et comme bénéfice net pour la propriété, une somme
« de plus de 500.000 francs, soit le double de la valeur du marais avant
« l'opération. »

Cette œuvre, dont il est impossible de ne pas reconnaître les résultats, a
dû aussi en grande partie son succès à la sécurité et à la régularité de son
entretien, maintenu, on peut le dire, grâces au dévouement de l'un de ses
syndics, qui apporta à cette fin le même zèle qu'il avait apporté au début. —
Il faut encore compter au nombre des éléments de réussite de ce dessèchement le chiffre des contenances, l'abondance de la population rurale, et la
division de la propriété, autant de circonstances en harmonie les unes avec
les autres.

Malgré tant de causes de succès et de réussite, le dessèchement ne fut
pas pendant longtemps une source de bien abondants et réels revenus.
L'écobuage avait été nécessaire à cette terre mouvante et composée presque
uniquement de détritus de roseaux : le sol léger qui était le résultat
de cette opération répétée était bien souvent soulevé et emporté par le
vent : la tourbe inférieure encore imbibée des eaux profondes restait impro-
ductive.

Cette situation alarmante est cependant allée s'améliorant, mais sous
l'influence de deux circonstances étrangères au dessèchement lui-même :
savoir, d'une part, une sécheresse persistante depuis de nombreuses années
et, d'autre part, le développement de l'emploi des engrais chimiques.

Cette situation peut-elle cependant être comparée à celle du terrain
de Camargue ?

III

Dans le dessèchement du marais de Beaucaire se rencontre l'exemple de travaux s'appliquant à une plus vaste superficie et à une nature de
terrains absolument similaires à ceux de notre Camargue, avec un peu de
degré de salure de moins.

Nous reproduisons ce qui avait été dit à ce sujet dans l'une des dispositions de l'enquête de 1892.

Depuis 1830, la Compagnie du Canal du Midi a exécuté, sur la partie de
la vallée du petit Rhône qui s'étend de Beaucaire à Aiguemortes, un projet

analogue à celui dont on propose l'exécution aux propriétaires de Camargue. Les terrains sur lesquels l'expérimentation a été faite, sont de même nature et de même formation. Seulement l'existence d'un magnifique canal de navigation et la disposition des lieux rendaient l'opération bien plus facile.

Le canal partant de Beaucaire présente cinq biefs.

Le premier, de l'écluse d'accession au Rhône à l'écluse de Charansonne, est à l'étiage du Rhône de 3 m. 63 au-dessus du niveau de la mer; la ligne de flottaison du bief de Charansonne est aussi à l'étiage du fleuve. Par ce bief et en amont de l'écluse de Nourriguier, les marais de Fourques, d'une superficie d'environ 1.600 hectares, sont irrigués ; leur écoulage a lieu dans le bief de Nourriguier, dont la ligne de flottaison est à 2 m, 52 au-dessus du niveau de la mer.

Les marais de Broussan (200 hectares), arrosés par le même point, s'écoulent en amont de Saint-Gilles dans le bief de ce nom, dont la hauteur est de 2 m. 07 au-dessus de la basse mer.

Les marais de Saint-Gilles et ceux au nord de la Sylve Godesque tirent leurs eaux d'irrigation du petit Rhône, vis-à-vis de Lauricet, par les prises d'Espeyran et de la Fosse, et par une prise dite de Capette, à la hauteur du mas du Roure en Camargue.

Ces marais, d'une contenance d'environ 4.000 hectares, ont pour récipient d'écoulage l'étang du Scamandre, dont la superficie est de 800 hectares, et dont la profondeur au-dessous de la mer est de 1 m. 58 à 1 m. 70.

Enfin, les derniers marais, au midi de la Sylve Godesque ayant une superficie d'environ 1.500 hectares s'écoulent dans l'étang de Leyran, dont la profondeur varie entre — 0.90, et — 0,50, et s'arrosent par une prise au canal de Sylvéreal, en rejetant leurs eaux superflues par une multitude de canaux dans le Bourgidou, et de là à la mer au moyen du Rhône vif et du grau d'Aiguemortes.

En consultant la carte des travaux, l'on voit au premier aspect la supériorité incontestable que la situation des lieux donne à cette région.

L'écoulement des bassins et l'irrigation sont autant d'œuvres indépendantes qui fonctionnent autrement que ne pourrait fonctionner le système proposé en Camargue.

Une multitude de rigoles se rattachant aux émissaires principaux permettent d'assécher et d'irriguer le sol, et leur étendue comparée aux canaux principaux et rudimentaires du dessèchement démontre quel immense développement prendraient en Camargue les travaux de même nature.

Cependant qu'a fait la Compagnie des Canaux de Beaucaire ?

Le voici :

Avec un devis primitif de 2.440.422 francs, dressé par MM. les ingénieurs des Ponts et Chaussées, elle a dépensé en réalité 10.392.815 francs, et en y comprenant les intérêts 16.112.212 francs.

Les actions qui valaient, en 1860, 3 ou 4.000 francs avaient coûté, au 31 décembre 1843, 49.669 francs l'une.

L'état des fermages, en 1859, 1860, donnait les résultats suivants :

962 hectares 49 ares 52 de marais supérieurs ont donné, en 1859, 98.040 fr. 40 (moy. 100 fr.)

En 1869, 826 hectares 15 ares du même bassin ont donné 72.189 francs (moy. 90 fr.)

1.563 hectares 93 ares de marais du bassin du Scamandre ont donné en 1859 59.995 francs, — en 1860, 1.610 hectares de ce bassin ont produit 51.686 francs 10 cent.

2.272 hectares 40 ares 86 du bassin de Leyran ont donné, en 1859, 14.701 francs ; — en 1860, 2.372 hectares du même bassin ont produit 14.840 francs 50.

Enfin, en 1859, — l'œuvre entière 3.930 hectares 68 ares 38 a produit 185.912 fr. 10, plus 7.849 fr de regain, soit, par hectare, environ 40 francs.

Et en 1860, 4930 hectares 98 ares 38 ont produit 151.723 francs et 9.490 francs de regain, soit, par hectare, 32 francs.

Et ceci est le produit brut !

Si l'on cherche les détails, les marais du Partisan s'afferment à peu près 50 francs l'hectare, ceux de Broussan 50 francs aussi, ceux du bassin du Scamandre de 40 francs à 50 francs, les grandes Tourades 26 à 30 francs, les marais du bassin de Leyran 5 à 20 francs.

Les frais d'administration, les travaux d'entretien et les contributions publiques enlèvent un cinquième du revenu.

D'où la conséquence qu'à l'exception des marais de la Palunette, dont le régime est exceptionnel, les marais de la Compagnie ont un prix vénal allant de 400 fr. à 1.000 francs l'hectare.

En considérant que la plaine de Beaucaire est entourée de pays de consommation comme Beaucaire, Bellegarde, Saint-Gilles, Vauvert, le Caylar Saint-Laurent d'Aygouze, l'on voit que la valeur vénale du marais a atteint tout ce qu'elle pouvait attendre.

Chose remarquable ! La Compagnie avait opéré en vertu de la loi de 1807 une œuvre de desséchement, et elle a dû revenir aux anciens errements. D'où vient cet étrange retour à l'état passé ?

De ce fait élémentaire en agrologie : les plantes ne vivent et n'arrivent à production dans les terres de nature paludéenne qu'à raison de l'abaissement de la couche d'eau au-dessous du sol. Ce degré d'abaissement n'ayant point été obtenu, les terrains desséchés ont été impuissants à supporter les blés, les luzernes et même les racines moins profondes des plantes, des prés palustres.

En définitive, pour combattre la tendance marécageuse de ces terrains, d'entre Beaucaire et la mer, pour assécher tout le territoire, on a dû augmenter à l'infini le nombre des filioles, décupler les prévisions des dépenses, — le tout pour laisser en somme les terres basses revenir à leur point de départ, aux marais roseliers et submergés.

Dans quelques exploitations, de plus d'importance, on est arrivé à avoir :

Des terres hautes non arrosables, mais asséchées et donnant des céréales, des luzernes, plus ou moins abondamment suivant les conditions climatériques de l'année :

Des terres moyennes irriguables et asséchées produisant, suivant leur altitude plus ou moins élevée, plus ou moins d'un fourrage grossier et un peu salé, sans doute facilement consommé par le bétail, mais ne poussant pas à l'engraissement ; terres qu'il ne faut arroser qu'avec précaution, pour ne pas leur reconstituer le caractère paludéen ;

Enfin, des terres basses, marais arrosables et écoulables, donnant en roseaux de beaux revenus, grâce à la proximité des vignobles du Gard.

Ce sont, en somme, nos exploitations de Camargue.

De l'Irrigation

En ce qui concerne l'irrigation, nous avons déjà fait connaître ce qu'en dit le programme de la Société d'études, et nous n'avons que quelques courtes réflexions à faire.

La concession, qui peut être obligatoire pour le dessèchement, ne saurait l'être pour l'irrigation qui, étant une amélioration volontaire, ne peut en aucun cas tomber sous l'application de la loi de 1807. Or, le déchiffrement des marais de la Camargue, loin de créer une plus-value, comme nous en avons donné des exemples, constituera une dépréciation certaine de la plupart des terrains desséchés : les marais donnant actuellement un revenu certain se transformeront en pâturages salants d'une valeur moindre.

La Compagnie concessionnaire du dessèchement attributaire des cotisations d'arrosage n'aurait d'abord que de grosses indemnités à payer aux propriétaires dépossédés. Que si, après le dessèchement, elle souhaitait appliquer l'irrigation aux terrains desséchés pour les mettre en valeur, elle aurait certainement assez de peine à trouver des demandes d'eau parmi les propriétaires qui viendraient d'être expropriés d'une partie de leurs domaines, et qui auraient malgré l'indemnité reçue souffert de cette mutilation, dans la partie même à eux conservée. Elle devrait donc se borner à irriguer son propre domaine, rétrécir ainsi singulièrement le but qu'elle s'était proposé, et aussi ne point retirer les bénéfices sur lesquels elle pouvait avoir compté à ce sujet.

Au reste, en dehors de ces parcelles qui constitueraient son propre domaine, quelles surfaces pourraient souscrire à la Société des unités d'arrosage ?

Les propriétaires ou syndicats ne pourront avoir aucun intérêt à user des canaux principaux de la Société ; les eaux pures leur sont déjà procurées par les roubines des associations dont ils font partie, ou dont ils ont l'usage et la propriété. Comment s'engageraient-ils, du reste, à payer de nouvelles redevances, alors que leurs domaines sont compris dans le périmètre d'une association qui a transformé sa roubine d'adduction naturelle en canal artificiel, et que des souscriptions fermes et obligatoires ont été faites par eux-mêmes pour cette nouvelle entreprise.

N'y aura-t-il pas du reste inconvénient, pour ces propriétaires qui peuvent être desservis autrement, à se fier aux irrigations que leur fournira un canal à prise unique et à s'exposer ainsi à tous les inconvénients d'une communauté d'eaux ?

La Compagnie demande que l'Etat s'engage à ne subventionner à l'avenir aucun groupe intéressé à une nouvelle entreprise d'irrigation, en échange du service qu'elle propose à la généralité des propriétaires. N'y a-t-il pas là une prétention exagérée, en présence de la liberté entière de l'amélioration constituée par l'irrigation ? N'est-ce point là peut-être aussi un calcul un peu égoïste, conçu dans le but de forcer les particuliers à souscrire de nombreux arrosages à la compagnie nouvelle ?

Des Dépenses d'amélioration et des Plus-values

Le projet ne nous est point complètement connu à l'heure où nous écrivons ; mais il est bien permis, après les explications que nous venons de fournir, de se demander quelles dépenses devront être exposées pour la réalisation du programme, et quelles plus-values le capital engagé pourra attendre pour sa rémunération, — par suite, quelles charges pourront incomber aux propriétaires.

Aux dépenses que nous avons vu être celles de projets similaires, celui qui nous occupe ajoutera forcément celles qui ont trait à l'acquisition des terrains, et le dossier de l'enquête nous renseignera sans doute à ce sujet.

Ce même dossier nous dira comment on a supputé les plus-values pour lesqnelles il est permis de redouter des exagérations que nous avons vu reprochées à ses devanciers.

La Compagnie engagera-t-elle en définitive une bonne opération ? Ou y a t-il des chances pour que l'entreprise ne soit point heureuse et qu'elle ne puisse être menée à bonne fin ?

Sans doute c'est là le souci des actionnaires ; mais les propriétaires intéressés ont bien quelque droit de se préoccuper de l'avenir et d'envisager le cas où la réussite ferait défaut.

Pense-t-on que l'Etat serait tenu de continuer l'œuvre entamée ? En vertu de quel principe ? Pourrait on prétendre qu'en consentant la concession, l'Etat accepte la responsabilité de ses conséquences et de ses suites ?

Que si l'Etat devait accepter ce rôle, il lui serait plus naturel et plus sensé de se soucier par avance de propriétaires payant de leur mieux leurs impôts, et de servir sa véritable fonction en les préservant contre toute entre prise pouvant de près ou de loin, même involontairement, porter la plus légère atteinte à leur fortune privée,

Conclusion

De tout ce qui précède il y a lieu de tirer les conclusions suivantes.

1° Consultés sur la question de savoir s'ils sont prêts à exécuter le projet qui sera soumis à l'enquête, dans le but de procurer à la Camargue un dessèchement complet, avec mise en culture et irrigation, les propriétaires devront répondre négativement :

Parce que le dessèchement, en supprimant les marais, désorganise leurs exploitations, et supprime pour quelques-uns d'entre eux un véritable élément de culture ;

Parce que les améliorations ne peuvent jaillir tout d'un bond, sont lentes et successives, si elles veulent êtres durables ; et qu'il leur est impossible de sacrifier en une seule fois une part importante de leurs revenus, sans avoir l'assurance qu'ils pourront être compensés d'autre part.

2° Soucieux de leur propre avenir, en même temps que de celui du territoire qui a bien souvent provoqué ses générosités, les propriétaires feront remarquer à l'Etat :

Qu'un programme d'amélioration a été tracé par lui-même suivant les décisions ministérielles citées plus haut, sanctionné par le décret de 1866 ;

Que ce programme a été généreusement accepté par la propriété sous toutes ses dimensions ; que tous les propriétaires et agriculteur, bien aises de reconnaitre les services de l'Etat, ont créé de toutes pièces et de leurs propres deniers des exploitations qui ne tendent à rien moins que de faire de la Camargue ce que bien des expériences ont fait connaitre qu'elle pourrait devenir par de sages et prudentes modifications ;

Que tous ces efforts collectifs ou individuels ont été engagés, soutenus par l'espérance que le programme souhaité d'abord, discuté ensuite, enfin adopté, serait maintenu ; et qu'ensemble ils constituent la véritable manifestation de l'intérêt public, soit qu'on l'entende des personnes, soit qu'on l'applique au territoire ;

Et qu'ils attendent de sa justice et de sa haute équité le rejet de toute demande tendant à modifier le programme auquel il est fait allusion.

Lorsque le projet sera de nouveau déposé à l'enquête pour l'obtention de la déclaration d'utilité publique, sa partie technique pourra être discutée plus sérieusement et pied à pied.

ARLES, *21 février 1898.*

GAUTIER–DESCOTTES,

Directeur du Syndicat général des chaussées de la Grande Camargue, directeur adjoint du syndicat de la digue à la mer, syndic des Vuidanges de la Corrège de Gineaux, de l'égout du Mas du Thor.

Marseille. — Imprimerie Marseillaise, rue Sainte, 39.

Les propriétaires soussignés, constitués en syndicat agricole de défense, ont déclaré adhérer aux observations présentées dans le mémoire qui précède.

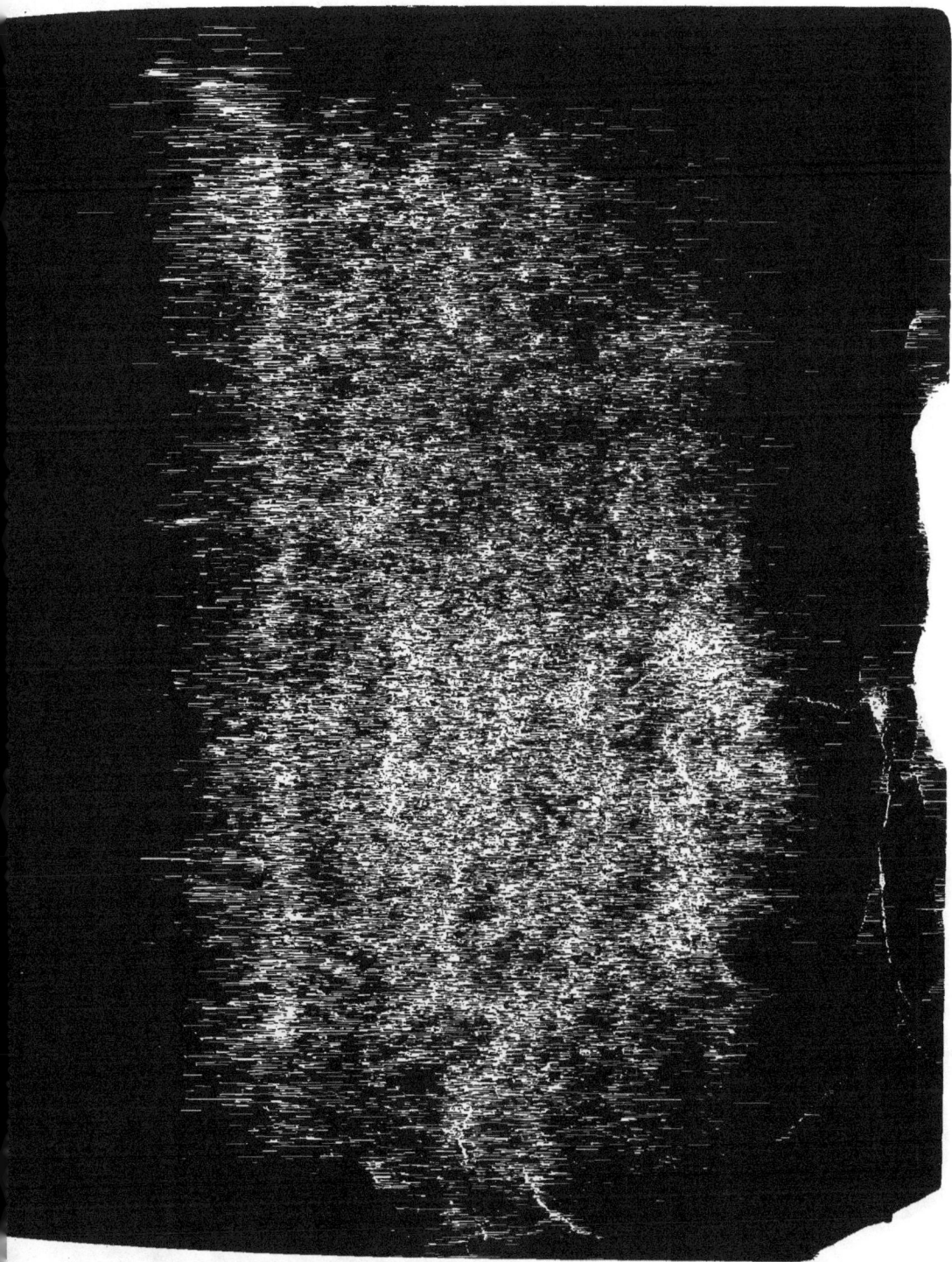

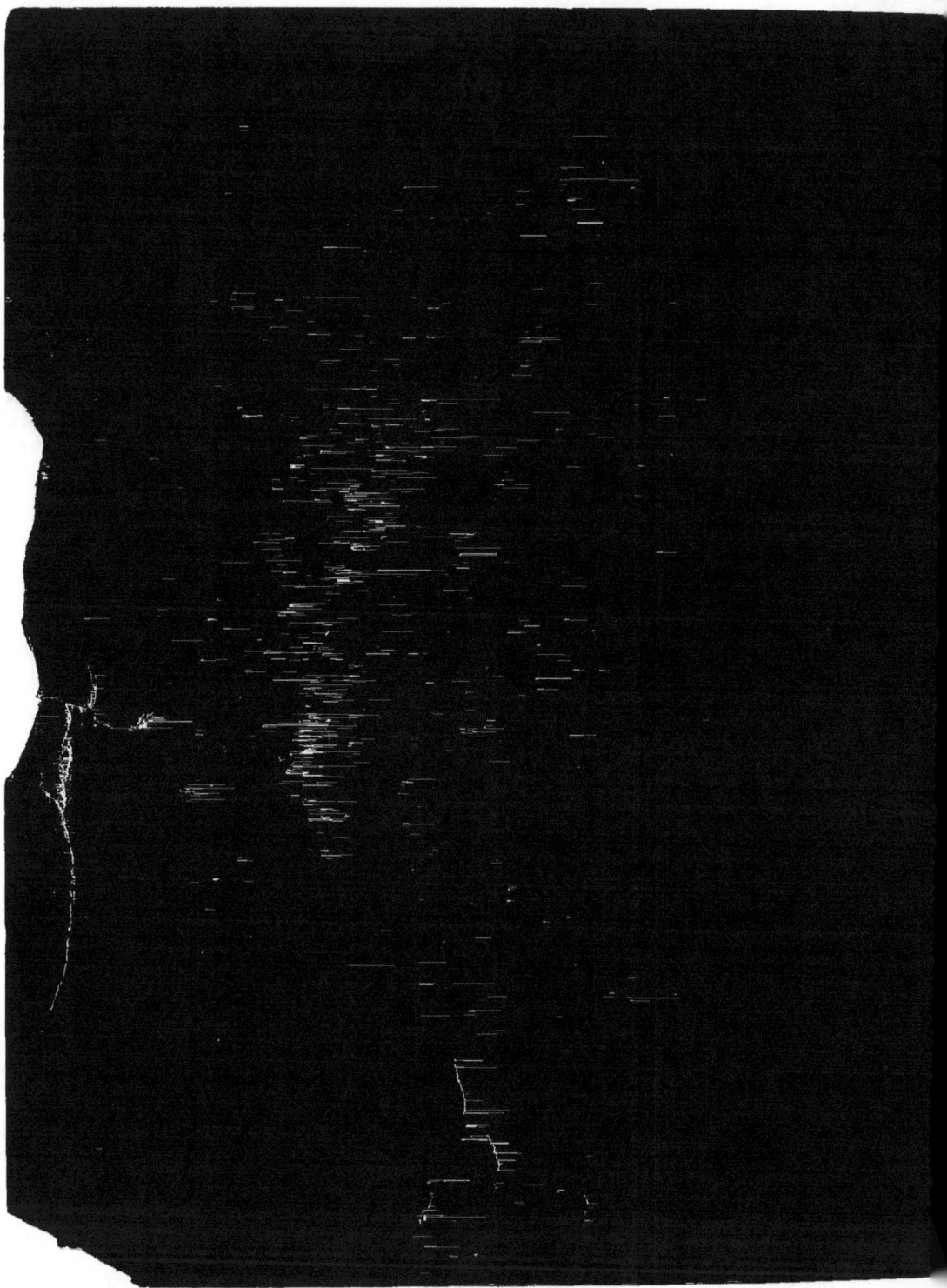

www.ingramcontent.com/pod-product-compliance
Lightning Source LLC
Chambersburg PA
CBHW050559210326
41521CB00008B/1032